DＪ鉄ぶらブックス 029

旅する親子鉄

～一緒に乗りたい人気列車たち～

文　堀内重人

旅する親子鉄
～一緒に乗りたい人気列車たち～

CONTENTS

はじめに

　昨今では、一種の鉄道ブームが起こっている。いままで鉄道趣味の世界は男性が中心であったが、最近では女性のレイルファンも増えており、週末になるとカメラを片手に鉄道を撮影する姿が珍しくなくなっている。またスマートフォンの普及などもあり、子どもでも簡単に鉄道写真が撮影できるようになった。

　そうなると、ただ単にカメラに鉄道を収めるだけでなく、親子で鉄道旅行などを楽しみたくなるものである。鉄道写真を撮ることも楽しいが、実際に乗車することはより楽しい。

　週末に親子で気軽に楽しめる列車として、民鉄やＪＲの特急列車に限らず、ＳＬもあればトロッコ列車、車内で食事を楽しむグルメ列車もある。それぞれが独自の魅力を醸し出しており、一度だけでなく何度も乗りたくなる列車が多くある。

　鉄道事業者が、趣向を凝らした特徴のある列車を導入する背景として、少子化による通学人口の減少だけでなく、モータリゼ

ーションの普及が挙げられる。少子化は、利益率が低くても安定した収入が見込める通学定期の売上げを減少させた。自家用車の普及は、家族全員で乗車しても経費が変わらず、かつ自分たちの好きな時間に移動できるうえ、手荷物などが多い場合などは魅力である。その結果、鉄道事業者の経営を圧迫するようになった。

このような現状を打破するためには、外部からお客さんを誘致して、従来の鉄道にはなかった新たな魅力を創出する必要が生じた。とくに沿線人口の過疎化と少子化に悩む地方民鉄や第三セクター鉄道はなおさらである。「観光」が新たな鉄道活性化のキーワードになりつつあるといえる。

そこで本著では、週末に親子で気軽に楽しめる列車を選び、その魅力とともに、鉄道事業者の取組みにも触れ、親子で鉄道旅を楽しむときのちょっとした興味のきっかけにでもなれば、と考えながら執筆した。これを通じた鉄道事業全体の活性化が図れれば、これ以上の喜びはない。

列車の旅の時間は、貴重な親子の時間だ。予土線土佐昭和ー土佐大正間 2014（平成26）年8月17日

会社それぞれに色や形が違う民鉄の特急列車は、見ているだけで楽しいものだ。ましてや、子どもたちと一緒ならば…。
幼い頃、自分が住んでいる路線を出て、違う会社の特急列車を見たときの興奮を、覚えているのではないだろうか。それは、自分の世界が広がったという、ひとつの証しでもあったはずだ。
その感動は、今度は息子や娘たちに、体験させてあげたいと願う。

民鉄の特急列車

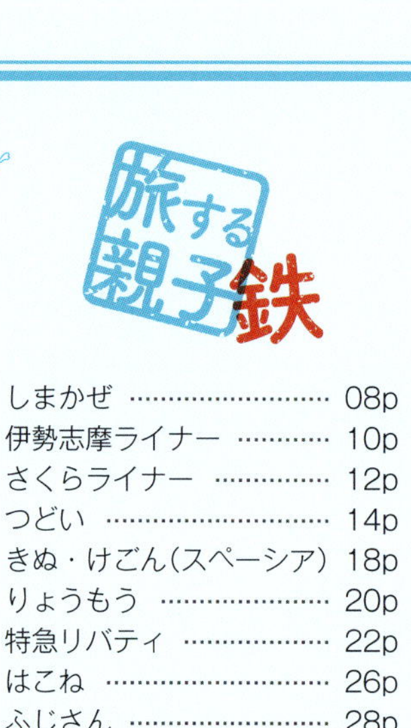

旅する親子鉄

しまかぜ

近畿日本鉄道　大阪難波・京都・近鉄名古屋－賢島

2013（平成25）年にデビューした50000系「しまかぜ」は、近鉄のフラッグシップトレインであり、翌年にブルーリボン賞を受賞した高アコモや個室が売りの特急電車。爽快感のあるブルー基調の車体は、伊勢志摩に広がる青空をイメージしている。６枚ガラスで構成された多面体のフロントデザインは斬新だ。

1994（平成６）年にデビューした23000系「伊勢志摩ライナー」は高い人気を誇っていたが、2013（平成25）年に、20年に一度の伊勢神宮の式年遷宮が実施されることに因んで、近鉄では観光に特化した専用の特急車両を導入することになった。

2013年３月のダイヤ改正より、大阪難波～賢島間、近鉄名古屋～賢島間に観光特急50000系「しまかぜ」の運転が開始された。「しまかぜ」は、従来の近鉄特急とは異なり、レギュラー座席は設けられていない。開放型の座席であっても、本革張りで1人掛けと2人掛けの横３列の座席配置である。シートピッチが新幹線のグランクラスに迫る1,250㎜とゆったりしているグレードが高い座席となった。そのうえ、和風・洋風の個室車、カフェを備えた豪華車両であることから、非常に人気が高い。2014（平成26）年春には、「鉄道友の会」

豪快な前面展望。多面体のデザインによって、独特の眺望が生み出されている。YM

「しまかぜ」には、軽食が楽しめるカフェ車が連結されており、流れゆく車窓を見ながら、食事などができる。SH

プレミアムシート。本革仕様で、電動リクライニングつき。YM

サロン席。仕切り版によってプライバシーが保たれ、グループや家族にぴったり。YM

の「ブルーリボン賞」を受賞し、同年10月からは京都〜賢島間にも「しまかぜ」が運転されることになった。

「しまかぜ」は、車内が明るくて防音性に優れているうえに、両端がハイデッカーの展望車であるから、前面の展望が期待できる。家族で利用するときは、和風・洋風の個室があるため、ここがお薦めである。個室を利用するには、乗車券・特急券・「しまかぜ特別車両券」以外に、個室券が必要となる。各個室は非常に大きな窓が特徴であり、AV装置が備わる以外にインターホンが用意されており、カフェからのルームサービスが利用できる。

だが、どちらの個室も1室ずつしかないため、すぐに売り切れてしまうのが難点ではある。その場合は、「セミコンパートメント」がお薦めである。この設備は、「伊勢志摩ライナー」の“サロン席”を発展させた雰囲気の6人用のセミコンパートメントである。4名以上揃えば、乗車券・特急券・「しまかぜ特別車両券」で利用が可能である。

セミコンパートメントの窓も、和風・洋風の個室と同様に非常に大きく、大型の固定式のテーブルが備わっており、「伊勢志摩ライナー」の“サロン席”にはなかった荷物棚も設けられている。このセミコンパートメントは個室に比べると比較的空席になっていることが多く、週末に家族で利用するには、お薦めの車両であるといえる。

「しまかぜ」の魅力は、非常に優れた乗り心地だけでなく、カフェにおける喫茶・軽食が楽しめることにもある。提供されるスイーツ類は頻繁にメニューが変わり、期間限定の特別なメニューもあるため、これを目当てに乗車する人も多くいる。

ボックスシートとサロン席を備えた観光特急

伊勢志摩ライナー

近畿日本鉄道　大阪難波・京都・近鉄名古屋－賢島

1994（平成6）年にデビューした「伊勢志摩ライナー」は、観光特急のはしりである。「しまかぜ」がデビューした後も、高い人気を誇っている。21000系「アーバンライナー」と似た前面を持つが、観光地を結ぶ特急列車らしく、サロンカーなどの車内設備とともに、見る楽しさも演出されている。

1988（昭和63）年に、近鉄難波（現：大阪難波）～近鉄名古屋間に「アーバンライナー」がデビューして以来、その速達性と優れた居住性は高い評価を得ている。そうなると、今度は“伊勢志摩方面へも「アーバンライナー」の運転を”という声が強くなった。

そこで1994（平成６）年の志摩スペイン村の開業にあわせ、「伊勢志摩ライナー」という特急電車を６編成製造することになり、1994年３月15日のダイヤ改正時から、近鉄名古屋や近鉄難波発賢島行きの特急として営業運転を開始した。「伊勢志摩ライナー」は、運転開始後は指定券が完売する列車として好評を得ていたが、以下のような５つのコンセプトで設計された。

①「ビスタカー」や「さくらライナー」のように観光地への旅を演出する車両
②リゾート地へのグループ旅客に適した車両
③21000系「アーバンライナー」や、汎用タイプの22000系の近代性と高品質デザインを備えた車両
④近鉄らしさを残して新たな魅力をもった車

「伊勢志摩ライナー」には、赤系統の塗色の編成もある。いざ乗る時には、どちらの色か？ というワクワク感も。

サロンシートは、家族連れ・グループに人気がある。窓が非常に大きいことが特徴である。４人用席は、３名から利用が可能である。普通の特急料金だけで利用可能であることも、魅力である。SH

豪華な“デラックスシート”も備わる。２－１横３列シートレイアウトは、ちょっとした贅沢感。SH

両
⑤最高速度130km/hで営業運転ができる車両

①の観光地への旅を演出する車両とするため､「アーバンライナー」で好評であった“デラックスシート”も設けられている。観光用であるから、車内の配色は明るく、華やかに仕上がっている。

②のグループ旅行に適した車両として､“サロンカー”を設けた。“サロンカー”は、セミコンパートメント構造であり、大型テーブルを備えた向い合わせの座席が、通路を挟んで２人用ツインシートと４人用サロンシートが６区画設けられている。

家族旅行で利用するには、この“サロンカー”の“サロンシート”がお薦めである。サロンシートやツインシートは座席のリクライニングはしないが、非常にゆったりとしたボックスシートであるだけでなく、非常に大きな窓が特徴である。網棚は設けられていないが、各ボックスとボックスの間には、荷物置き場が設置されているため、旅行鞄を置くことも可能である。

デビュー当初は、乗車券・特急券のほかに「サロン券」が必要であったが、現在は乗車券・特急券だけで利用可能である。２人用のツインシートであれば、おとな１名・子ども１名でも、乗車券・特急券だけで利用できる。サロンシートであれば、３名以上揃えば乗車券・特急券だけで利用できる。この場合、おとな２名、子ども１名であっても利用が可能である。“サロンシート”には、大型の固定式テーブルが備わるため、食事やゲームをするにも便利である。コンセントも設置されており、モバイル機器への充電も可能となっている。

「伊勢志摩ライナー」の特徴として、両端の先頭車には展望デッキが設けられているため、前面展望が魅力である点、土休日には車内販売が実施される点などが挙げられる。サービスカウンターも設けられており、ここでは車内販売の基地としての機能を果たしている。

展望ラウンジで桜や古跡の名所へ

さくらライナー

近畿日本鉄道　大阪阿部野橋－吉野

1990年にデビューした「さくらライナー」は、南大阪線・吉野線の看板特急のひとつ。サクラの名所・吉野山を結ぶ特急として活躍。古代史跡が多い南大阪線沿線の風土に合うようにデザインされている。

南大阪線・吉野線で走る26000系「さくらライナー」は、近鉄の看板特急のひとつでもある。南大阪線・吉野線での特急の運転を開始して以来、25周年を迎えた1990（平成２）年、これを契機にさらなる高品質の輸送サービスを提供するため、新型車両を使用した特急「さくらライナー」の投入が決まった。

南大阪線・吉野線の沿線は、古墳や日本書紀の舞台で知られる飛鳥、江戸時代の高取藩の城跡や壺阪寺のある壺阪山、そして白鳳時代や南北朝時代ゆかりの土地である吉野が並ぶなど、歴史的名所・旧跡が豊富である。また、吉野山にはサクラで著名な千本桜があり、飛鳥の橘寺は聖徳太子ゆかりの寺であるだけでなく、ボタンの花で有名であるなど花の名所も多い。

2011（平成23）年４月２日からは、「さくらライナー」をリニューアルして新たな営業運転が始まった。リニューアルの際、レギュラーカーのレギュラーシートをフルストップ型のリクライニングシートへと交換が実施されている。そして観光特急としての特色を前面に押し出すため、運転席の後ろに展望スペースを設けており、客室との間は仕切り扉で区切ることで、客室内の静寂性を保っている。この展望スペースは人気が高く、始発駅から

デラックスカー客室。吉野産の木材や和紙を使用した上質感ある空間。YM

展望ラウンジからの眺望は、まさに運転士気分。SH

吉野の草木染めをイメージした平織りの表布でまとめられた快適なシート。YM

吉野駅の駅舎は、大和棟を模した立派な建築物が迎えてくれる。サクラのシーズンは特に多くの観光客が訪れる。SH

終着駅までこのラウンジに座りっぱなしの人もいると聞く。

また、3号車はデラックスカーに変更された。デラックスカーのデラックスシートは、通路を挟んで1人掛け2人掛けの横3列に配置された「ゆりかご式シート」で、「アーバンライナー」と同等の水準か、それ以上である。可動式のヘッドレストや読書灯以外に、背面テーブルとインアーム式のテーブルも備わっている。フットレストも備わっているが、シートピッチはレギュラーシートと同じ1,050㎜である。

また吉野へ向かう特急であることから、客室内は吉野産の素材を用いてデザインされており、車内でありながら吉野にいる雰囲気を醸している。さらに床面全体には、ブラウン色を基調とするストライプが入った絨毯が敷かれ、レギュラーシートと差別化が図られている。

レギュラーカーでは木目調の壁紙・床材が採用され、座席もリニューアル前の花びらをイメージしたピンク色の座席を継承しつつ、2010年（平成22年）に登場した汎用特急車Aceと同様の「ゆりかご式シート」に交換され、座り心地が向上している。「ゆりかご式シート」は、疲れにくいという特徴があり、長時間の乗車に適している。

禁煙が社会的な潮流のため、車内は全車禁煙とした。そうなると喫煙者に対する配慮も必要となり、4号車の大阪阿部野橋側のデッキと客室の間には、喫煙室が設置された。

携帯電話やスマートフォンが普及していることもあり、コンセントを設けることは不可欠なサービスとなった。デラックスシートでは、コンセントが1席ずつ肘掛に内蔵され、レギュラーシートでは座席背面の中央部に1カ所設置された。

吉野には歴史的な名所や旧跡も多いが、近鉄の吉野駅そのものも見どころである。駅舎の外観は大和風の民家のような感じであり、駅の構造はドーム状の行止り式である。それゆえ欧州の主要駅のような雰囲気が漂っており、それだけでも見るに値する。

温泉の心地良さを列車内でも

つどい

近畿日本鉄道　近鉄名古屋－湯の山温泉

「つどい」は、一般用の2000系電車を改造して誕生した。デビュー当時は、華やかな塗装であったが、2018（平成30）年のリニューアル時に塗装が変更され、シックな外観となった。

かつては大阪難波や近鉄名古屋からの直通の特急が運転されていた湯の山線であるが、利用者の減少に伴って特急の設定がなくなり、近年はローカル輸送だけの線区になっていた。さらに少子化などの影響もあり、通学需要などが減少傾向にあるため、近鉄としては2018（平成30）年の湯の山温泉開湯1300年を記念して、湯の山線の活性化を図ることを試みた。

湯の山温泉は大都市・名古屋から近い位置にあるが、高速道路が充実した今日では、旧来のサービスだけでは電車を利用して訪れてもらえない。そこで伊勢志摩方面で運転されていた2000系「つどい」を足湯列車へリニューアルして、近鉄名古屋～湯の山温泉間で土休日に1往復、2018年9月から運転することになった。

車両のリニューアル工事は、車体外部だけでなく、内部にも実施されている。湯の山温泉の訪問者には熟年層が多いため、シックな内装を施した。そのいっぽうで、子ども連れにも乗車してもらおうと、リニューアル前にあった「こども運転台」は存続している。「こ

車内には、足湯コーナーが備わっている。「ビール列車」で使用する時は、ここに蓋がされるようになっている。SH

子ども運転席が備わっており、これが子どもに人気。まるで運転士になった気分だ。SH

ども運転台」は、子どもたちが運転士の気分に浸れるため、大人気の設備である。

「つどい」を利用する際には、おとな510円・子ども260円の料金が、運賃とは別に必要となる。特急のように座席は指定されないが、座席定員以上に乗車させることはない。

1号車には、自然の風を体験できる「風のあそびば」がある。ここには子どもの遊び場が設けられ、隙間から外気の自然風が吹き込むデザインになっている。

2号車は、リニューアル前より大幅に車内が変更されている。バーカウンターは存置されており、地酒や地ビール、コーヒーなどのソフトドリンクや地元の名産品やおみやげの販売が行なわれている。床面の絨毯は、石畳をイメージしたものに交換された。そして「つどい」の目玉として、イベントスペースに代わって、新たに「足湯コーナー」が2つ設けられた。

「足湯コーナー」を利用するには、車内で100円の足湯利用券を購入し、希望時間を予約する。予約は、係員に希望時間を告げれば良い。予約をすれば10分間、「足湯コーナー」を利用することができる。

この「足湯コーナー」では、本物の湯の山温泉（菰野(こもの)温泉）の源泉の湯が使用される。湯の山温泉はアルカリ単純泉であるが、これを毎回、湯の山温泉から車内へ積み込んでいる。列車のなかで「足湯」を体験できるのは、ＪＲ東日本の「とれいゆ　つばさ」と、近鉄の「つどい」だけである。このようなサービスは、高速バスや自家用車では真似ができない。鉄道ならではの特徴のあるサービスといえる。

近鉄の伊勢志摩観光せんりゃく

美しいリアス式海岸の景勝地。近鉄沿線屈指の観光地で、風光明媚な海岸線や島々の景観で知られ、「伊勢志摩国立公園」に指定されている。近鉄の路線網と重ねてみると、ちょうど名古屋・京都・奈良・大阪を扇に見立てたその基部にあたる。©伊勢志摩観光コンベンション機構

近鉄といえば、「特急電車」以外に「志摩半島の観光開発」というイメージが強い。じつは、近鉄が志摩半島の観光開発に着手したのは、戦後になってからである。近鉄の前身である、戦前の大阪電気軌道や参宮急行電鉄時代は、伊勢神宮への参詣客の輸送がメインであった。

伊勢志摩を開発するきっかけは、1946（昭和21）年に伊勢志摩エリアが「伊勢志摩国立公園」に指定されたことに始まる。これは、伊勢志摩の風光明媚な海岸線などの美しさを国立公園として保存することが、政府により望ましいとされたからである。そして1951（昭和26）年には、近鉄、三重県、三重交通などが出資し、木造建築ではあったが、賢島に日本では戦後初の洋風のリゾートホテルである志摩観光ホテルを開業させた。

1960年代初期には、1964（昭和39）年の東京オリンピックの開催に合わせ、ゴルフ場や別荘地などを開発するため、近鉄は伊勢志摩に広大な土地の取得を始めていた。そして1970（昭和45）年に大阪で万国博覧会が開催

1970（昭和45）年、大阪府の千里丘陵で開催された万国博覧会。わずか半年の間に多くの人が関西地方へ向けて旅行したが、この時、実は伊勢志摩地方の観光戦略とも関わっていて、その発展に近鉄が大きく貢献した。

ONE POINT COLUMN

この列車にこのサービス

スナックカー

12200系では、車内にスナックコーナーが設けられ、軽食の提供をしていた。「しまかぜ」など、現在の特急列車につながる質の高い供食サービスのルーツのひとつでもある。

近鉄12200系スナックカー

されることに鑑み、近鉄は来場者を伊勢志摩まで誘致することを図った。

そうなると問題となるのが、志摩線の鳥羽～賢島間の25.4キロである。当時の志摩線は、1,067㎜ゲージであるだけでなく、既存の近鉄の路線とは孤立した状態にあり、近鉄難波（当時）、京都、近鉄名古屋から賢島まで、直通の特急電車が運転できない状態にあった。

そこで近鉄は、当時の山田線の終点であった宇治山田と鳥羽の間に、13.2キロの鳥羽線を新たに建設した。そして志摩線を1,435㎜の標準軌に改軌することで、近鉄難波・京都・近鉄名古屋から賢島まで、直通の特急電車の運転を可能にした。

これにより万国博覧会の見物で大阪を訪問した人を、伊勢志摩まで誘致することに成功し、近鉄特急の利用者数は大幅に増加した。さらに近鉄にとって、志摩半島のリゾート開発と並んで重要な戦略が、伊勢神宮の式年遷宮である。これが実施されることに合わせ、大阪線などの複線化の推進や、新型の特急電車の導入などを行なってきた。

1980年代の半ばになると、バブル景気により、日本全国がリゾートブームに沸いた。1987（昭和62）年には、総合保養地域整備法（リゾート法）が制定したこともあり、近鉄や三重県および周辺の自治体などは、21世紀初めまでには、志摩半島に一大リゾートを完成させたいとしていた。しかし、1991（平成３）年にバブル経済は崩壊する。そうなると計画を見直さざるを得なくなり、同じくリゾート法の適用を受け、地元との調整も整っていた「志摩スペイン村」を開発することになった。そして1994（平成６）年に、「志摩スペイン村」が開園すると同時に、これに合わせて志摩線の複線化と高速化が実施された。

2013（平成25）年には、伊勢神宮の式年遷宮が実施されることもあり、このときに観光に特化した豪華観光特急「しまかぜ」を、デビューさせている。

日光へのリゾート列車の伝統を受け継ぐ

きぬ・けごん（スペーシア）

東武鉄道　浅草－東武日光・鬼怒川温泉

1991（平成３）年にデビューした「スペーシア」は、４人用個室やビュッフェを備えるなど、非常に豪華な内装が売り物の特急電車。「スペーシア」の名は一般公募によって決められた。

東武鉄道を代表する特急「けごん」「きぬ」には、主に「スペーシア」と呼ばれる特急用車両が使用されている。1990（平成２）年にデビューした当時、銀座東武ホテルのデザインを手掛けたデザイナー、ロバート・マーチャントが内装のデザインを担当したため、洗練された車内インテリアで話題になった車両である。

車内は、座席車と４人用個室、そして半室構造のビュッフェからなる。１～５号車の座席は、2-2の横４列の座席配置であるが、座席のシートピッチは1,100 ㎜とＪＲのグリーン車並みであり、全座席にフットレストが装備された回転式のリクライニングシートとなっている。座席は、モケットを張り替えるなどのリニューアルを実施しているが、コンセントは備わっていない。

３号車には、半室構造ではあるが、ビュッフェが設けられている。カウンターでは、喫茶・軽食が提供される以外に、各種グッズも販売されている。ここは車内販売の基地としても機能しており、車内では交通系電子マネーで支払うことができる。

トイレ・洗面所は１・４・６号車に設置さ

東京スカイツリーと「スペーシア」は、新しい東武鉄道のシンボルと言える。

個室。プライヴェートな旅ができるのは、スペーシアの魅力。

普通車。ＪＲのグリーン車並みのシートピッチを誇る

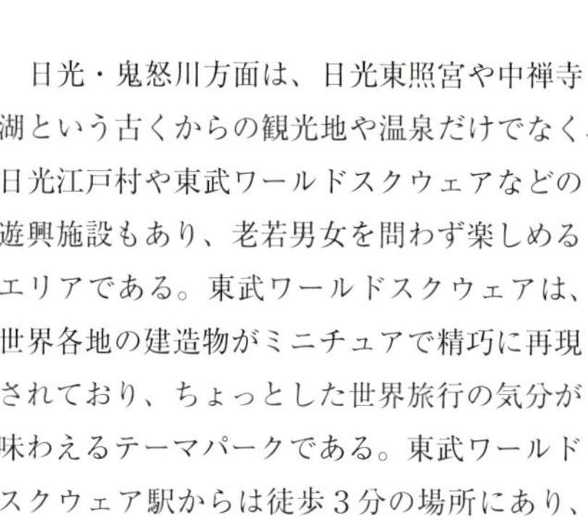

「スペーシア」には、ビュッフェが備わっている。

れており、いずれの車両も外国人の利用が多いこともあり、洋式と和式の両方がある。

浅草寄りの６号車には、４人用で洋風のコンパートメントルーム（個室）が6室設けられている。ホテルの客室を意識した設計で、床面全体にカーペットが敷かれている。またテーブルは天然大理石製であるから、個室全体に高級感が漂う。コンパートメントルームを利用するには、乗車券・特急券以外に個室券が必要となり、「スペーシア日光」などＪＲ線内ではグリーン車扱いとなる。

座席も非常にゆったりしていて快適であるが、４人揃えば他人に気兼ねなく利用できるコンパートメントルームがお薦めである。

デビューした当初は、コンパートメントルーム・座席を問わず、オーディオのサービスを実施していた。現在はオーディオは撤去されているが、各号車でWi-Fi回線が装備され、車内でインターネットを楽しむことができる。

日光・鬼怒川方面は、日光東照宮や中禅寺湖という古くからの観光地や温泉だけでなく、日光江戸村や東武ワールドスクウェアなどの遊興施設もあり、老若男女を問わず楽しめるエリアである。東武ワールドスクウェアは、世界各地の建造物がミニチュアで精巧に再現されており、ちょっとした世界旅行の気分が味わえるテーマパークである。東武ワールドスクウェア駅からは徒歩３分の場所にあり、週末に家族で出掛けるにはよいといえる。

また2018（平成30）年からは、鬼怒川線下今市～鬼怒川温泉間で、「ＳＬ大樹」の運行が開始した。特急「きぬ」「けごん」を利用して東武ワールドスクウェアを訪問した後、「ＳＬ大樹」に乗車し、「きぬ」「けごん」または2017年（平成29年）から運行を開始した東武鉄道の新しい特急「リバティ」で、東京方面へ帰宅するのもよい。

ビジネス特急から観光特急へ

りょうもう

東武鉄道　浅草－伊勢崎・葛生・赤城など

200系は、日光線を走る「けごん」「きぬ」とともに、東武鉄道の特急網を形成する。「りょうもう」の名は群馬栃木県境周辺の地域名「両毛」に由来している。

200系特急「りょうもう」は、東京の下町である浅草を起点に、群馬県の館林・太田・赤城・伊勢崎、そして栃木県佐野市にある葛生を結んでいる。「りょうもう」の名称は、上毛（かみつけ）（群馬県の館林、太田、桐生、伊勢崎）と下毛（しもつけ）（栃木県の栃木、佐野、足利）に跨って走ることに由来する。

「りょうもう」の利用者にはビジネス客が多い。2019（平成31）年３月のダイヤ改正からは、久喜にも停車するようになり、上野から久喜までＪＲを利用し、久喜から館林・太田・新桐生まで、特急「りょうもう」を利用する動きが生じるようになった。

そういったビジネス列車ではあるが、近年、この列車の沿線では観光開発が進んでおり、親子で旅をしたいエリアに生まれ変わっている。「東武トレジャーガーデン」や、足利市にある「あしかがフラワーパーク」などが知られている。

「東武トレジャーガーデン」は、約80,000㎡の敷地にさまざまな花を売り物にしたガーデン施設である。春や秋など季節にあわせた花を愛でることができるが、中でも約25万株の芝桜やローズガーデン、コキアガーデンな

浅草で出発を待つ「りょうもう」。私鉄の中でもターミナル駅の趣きを持ち、特急列車の旅立ちの気分が盛り上がる。

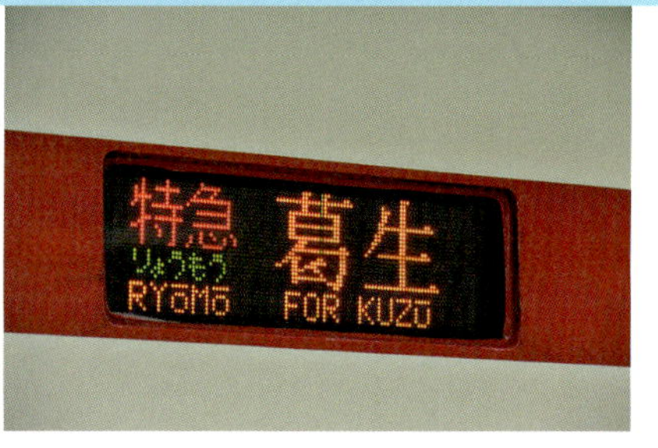
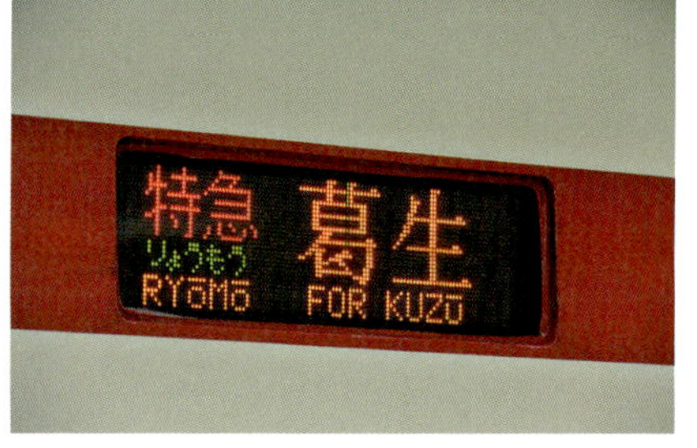

行き先表示器は、LED方式。

沿線が観光地として脚光浴びている。あしかがフラワーパークは、四季を通じて散策が楽しめる。特急列車で往復すると、首都圏からも充分、日帰り圏内となる。
写真提供：公益社団法人栃木県観光物産協会

どで知られている。

「あしかがフラワーパーク」は、1997（平成９）年に開園した藤の花をメインにしたテーマパークである。総面積は82,000㎡（当時）。園内の目玉は、ノダナガフジ３本、八重黒龍１本、白フジのトンネル一式である。これらは栃木県の天然記念物に指定されている。見頃となる４月中旬から５月中旬には、「ふじのはな物語」と称する藤まつりが開催され、春から秋にかけて足利市周辺だけでなく、首都圏からも数多くの来場者を集める。

こうしたテーマパーク以外の観光地・見どころとして、桐生線の相老（あいおい）で接続する第三セクター鉄道のわたらせ渓谷鐵道の沿線もいい。春はハイキング、夏は木もれ日、秋は紅葉などが楽しめる観光スポットでもある。これらを楽しむために、トロッコ列車も運転されている。

いっぽう、両毛地区の人から見れば、東京スカイツリーの開業に伴い、東京の新しい観光スポットが誕生したことから、両毛地区から東京へと双方向の観光需要が見込める列車となった。

ちなみに「りょうもう」は、東武動物公園駅にも停車することから、東武動物公園へ家族連れで出掛ける際、ロングシートの一般用の電車を利用するよりも「りょうもう」に乗車したほうが行楽気分を味わえる。かつて「りょうもう」は急行であったが、1999（平成11）年に東武では「急行」という列車種別は一般電車に用いることになり、優等列車はすべて「特急」に統一された。日光線・鬼怒川線の100系“スペーシア”を使用した「けごん」「きぬ」と比較すれば、「りょうもう」には割安な特急料金が設定されている点も魅力である。

短距離特急から夜行列車まで活躍

特急リバティ

東武鉄道・野岩鉄道・会津鉄道　浅草－会津田島・太田など

「リバティ」とは、東武500系車両の愛称。日光線、伊勢崎線を走る特急列車に汎用されるのが特徴で、東京スカイツリーの先進性をイメージさせる形状をしている。

「リバティ」は、2017（平成29）年４月21日から営業運転を開始した東武鉄道の汎用特急車両である。「リバティ」の名を冠する列車名で運転されているので、それと分れる。「けごん」「きぬ」で使用される100系電車や「りょうもう」で使用される200系電車とは異なり、分割併合運転や多客期の増結も考慮して、１編成３両を基本とした全車が貫通型になっている。車内には、1,000㎜間隔でリクライニングシートが配置されており、「スペーシア」と比べるとフットレストもなければ、シートピッチも狭いうえ、ビュッフェなどの設備も備わっていないが、充分な快適性を保っており全座席にはコンセントが備わっている。

おもに日光線・鬼怒川線系統の特急「リバティけごん」、野岩鉄道・会津鉄道へ直通する特急「リバティ会津」、伊勢崎線系統の「リバティりょうもう」、野田線系統の「アーバンパークライナー」で使用される。朝夕は、浅草～春日部間の特急「スカイツリーライナ

曲線基調のデザインが目を引く天井。

天井に同調した曲線基調のデザインは、柔らかな印象。

リバティの「R」を模したロゴは斬新。

コンセントが完備されるなど、快適な旅が楽しめる

ー」という短距離運用にも使用されている。

デビューした年には、冬場の12月末から3月中旬までは、浅草から野岩鉄道の会津高原尾瀬口へ、金曜・土曜と休前日に「スノーパル」としてスキーヤー向けの列車として運転していたが、2018（平成30）年6月1日からは「尾瀬夜行」にも使用されている。

「尾瀬夜行」は、浅草〜会津高原尾瀬口間の運転で、5月末から10月半ばまでの金曜・土曜と休前日に運転される。浅草を23:55に出発し、会津高原尾瀬口には翌日の3時すぎに到着するという、レイルファンには“民鉄の夜行列車”として知られている。終点の会津高原尾瀬口では4:20発の尾瀬行きのバスと接続するが、バスが発車するまで、列車内に滞在することができるので、この列車を利用すれば、週末の尾瀬観光には便利である。

「スノーパル」は、尾瀬夜行と同様に23:55に浅草を出発し、会津高原尾瀬口には5時すぎに到着する。会津高原尾瀬口へ到着したあとは、列車内で仮眠を取ることができる。その後は、会津高原・たかつえスキーリゾート&ホテルズ、会津高原だいくらスキー場行きのバスに接続するため、週末などにスキーを楽しむスキーヤーに便利な列車といえる。

日光・鬼怒川温泉の観光かいはつ

男体山と中禅寺湖は、日光観光の中心地。変化に富んだ地形が創る景勝が、多くの人を惹きつける。また、男体山の山頂は日光二荒山神社の奥宮にあたり、山岳信仰の対象であった。写真提供：公益社団法人栃木県観光物産協会

日光は、日光東照宮の門前町として発展してきたが、魅力はそれだけに留まらず、中禅寺湖をはじめ男体山などの自然が美しい。そのような理由から、日光国立公園に指定され、国際観光都市として世界中からの観光客で賑わっている。

このように、日光は国際的な観光地として有名である。日光が、外国人からも注目されるようになったきっかけは、1873（明治６）年に金谷カッテージ・インという洋式のホテルの開業が挙げられる。当時の日本と西欧では、生活様式などがまったく異なっており、日本の宿屋へ西欧人が宿泊することは困難であった。金谷ホテルの開業により外国人も宿泊可能となり、日光を訪れる人が増えてくる。今度は交通網の整備が課題となった。

1890（明治23）年には、日本鉄道（現在の東北本線）が宇都宮で分岐させて日光まで、今日のＪＲ日光線の前身となる鉄道を開通させた。鉄道が開通したといっても、東京からは宇都宮を経由するため距離的には遠回りとなるうえ、宇都宮で運転方向を変える必要があり、さらに所要時間を要した。

そんななか、1929（昭和４）年10月１日に、

鬼怒川温泉は、東京の奥座敷ともいえる温泉地だが、古くは日光詣でに訪れる諸大名や僧侶たちだけが利用できたという歴史を持つ。写真提供：公益社団法人栃木県観光物産協会

ONE POINT COLUMN

この列車にこのサービス

ジュークボックス

「DRC（デラックスロマンスカー）」と呼ばれた1720系では、音楽が楽しめるジュークボックスが設置されていた。いかにも外国人観光客向けのサービスであった。

DRC1720系電車は、当時の国鉄の１等車（現：グリーン車）並みの座席を備え、時代を先どった豪華車両であった。

DRC1720系車内に備えられたジュークボックスは、いかにも外国人観光客を意識したサービスであった。

杉戸（現：東武動物公園）から分岐して真っ直ぐに日光を目指す東武鉄道の日光線が開通した。全線が複線電化で開業したことで、浅草～東武日光間は最速列車で２時間20分程度で結ばれるようになり、日光は東京からの日帰り観光が可能となった。

こうなると、1931（昭和６）年に当時の日光町の役場に観光課という部署が設けられた。観光課は、日光の観光パンフレットを作成して配布するなど、町をあげての観光客誘致に乗り出すようになった。1934（昭和９）年には日光は国立公園の指定を受け、国際観光地として発展する基礎ができた。

いっぽうの鬼怒川温泉であるが、温泉の発見は1690年頃といわれているが、1929（昭和４）年に東武鉄道日光線が開通するまでは、その存在は地元の人しか知らなかった。東武鬼怒川線の歴史は日光線よりも古く、1917（大正６）年１月２日に藤原軌道が大谷（だいや）川北岸（現：大谷向）～鬼怒川南岸（現：中岩）までの4.9キロを開通したことに始まる。その３年後には下今市までが全通しているが、当時はまだ東武日光線は開業していなかった。

東武日光線が開業すると藤原軌道との連絡輸送を行なうようになるが、戦時中の陸上交通事業調整法の施行により、藤原軌道は東武鉄道に買収されることになった。こうした歴史的経緯もあり、鬼怒川線の最高速度は75km/hとなっている。

日光線開業後の鬼怒川温泉であるが、1931（昭和６）年に鬼怒川温泉ホテルが開業すると、その後は旅館やホテルが続々と建ち始めた。東武鉄道以外にも、民間の会社が鬼怒川温泉周辺の観光開発を行なうようになり、最近では1986（昭和61）年に「日光江戸村」、1992（平成４）年に「おさるランド」などの遊興施設がオープンした。

東武鉄道も1993（平成５）年に、「東武ワールドスクウェア」をオープンさせるなど、積極的な観光開発を行なった。鬼怒川温泉の発展は日光線の開通によるものだけでなく、東武鉄道の関連会社も含めた事業者による観光開発、東武の特急列車のサービス向上などが、日光ともども鬼怒川温泉を魅力のある観光地に仕上げた。

小田急の顔。箱根直通の伝統列車

はこね

小田急電鉄・箱根登山鉄道　新宿－箱根湯本

「VSE」とは50000形車両の愛称で、「Vault Super Express」の頭文字を採っている。

小田急といえば、「ロマンスカー」が代名詞になるぐらい特急電車には力を入れており、EXE・EXEα（30000形）電車以外の歴代の特急車両は、鉄道友の会の「ブルーリボン賞」を受賞している。

戦後の小田急の特急電車であるが、1948（昭和23）年10月16日に新宿～小田原間でノンストップ特急の運転が再開したことから、新たな歴史が始まった。しかし、特急に使用された車両は、今日のような特急専用の高アコモデーション車ではなく、戦災から復旧した車両の寄せ集めであった。

「はこね」は、小田急を代表する特急電車であり、基本的には新宿から小田原を経由し、箱根登山鉄道の箱根湯本までを運行する。小田原発着の列車や小田急線内で完結する列車は、列車名を「さがみ」「モーニングウェイ」、「ホームウェイ」として区別している。

運行時間は、ほぼ１時間に３本が運行されている。

近年では、箱根への観光客の輸送とともに小田原線内の地域輸送・通勤輸送へも比重が置かれる傾向にあることから、1996（平成８）年には通勤・通学者も利用できるよう乗車定

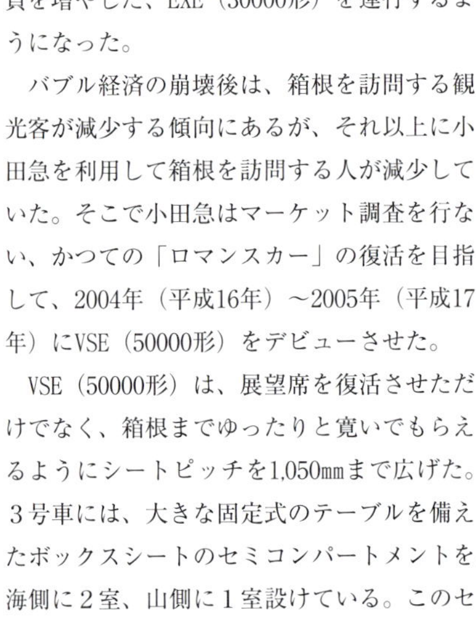

小田急ロマンスカーと富士山は、箱根の旅の魅力である。白い車体と白富士の共演は印象的なシーンだ。

VSE車内は円形の天井、斬新なカラーリング。小田急電鉄の特急形車両の進化した形だ。

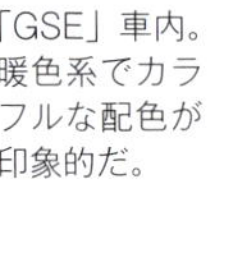

「GSE」車内。暖色系でカラフルな配色が印象的だ。

「GSE」は「VSE」とは対照的なカラー。ロマンスカーの伝統を受け継ぐ、バーミリオンオレンジだ。

員を増やした、EXE（30000形）を運行するようになった。

バブル経済の崩壊後は、箱根を訪問する観光客が減少する傾向にあるが、それ以上に小田急を利用して箱根を訪問する人が減少していた。そこで小田急はマーケット調査を行ない、かつての「ロマンスカー」の復活を目指して、2004年（平成16年）～2005年（平成17年）にVSE（50000形）をデビューさせた。

VSE（50000形）は、展望席を復活させただけでなく、箱根までゆったりと寛いでもらえるようにシートピッチを1,050㎜まで広げた。３号車には、大きな固定式のテーブルを備えたボックスシートのセミコンパートメントを、海側に２室、山側に１室設けている。このセミコンパートメントはサルーン席と呼ばれており、家族連れなどで利用するには、お薦めの設備である。また３号車と８号車には、売店が設けられている。

VSE（50000形）の人気が高かったことや、LSE（7000形）の老朽化が進んでいたこともあり、2018年（平成30年）３月からはGSE(70000形）がデビューしている。GSE（70000形）も、VSE（50000形）で好評であった展望室が継承されたが、売店は設けられず、車販準備のためのスペースが設けられている。

車内サービスとして特筆すべきものとして、VSE（50000形）とGSE（70000形）では、車内販売が健在である点が挙げられる。ＪＲの在来線特急では廃止になった列車も多くあるため、貴重であるといえる。車内販売は、ワゴンでサービスされるが、小田急の「ロマンスカー」の車内でしか飲食できないオリジナルブランドの商品や、各種グッズ類が販売されている。購入の際には、交通系電子マネーで支払うことも可能。かつては日東紅茶や森永製菓といった会社が、「走る喫茶室」と称して、注文を受けた飲食物をお客さんの座席まで届けるサービスを実施していた。

御殿場乗入れ列車の伝統を受け継ぐ

ふじさん

小田急電鉄・ＪＲ東海御殿場線 新宿－御殿場

1955（昭和30）年から運転されている御殿場線直通の連絡急行の歴史を今に受け継ぐ。車両は「MSE」が使用されている。

「ふじさん」は、小田急のMSE（60000形）を使用して、新宿からＪＲ東海の御殿場線へ乗り入れ、御殿場まで直通運転を行なう特急列車である。小田急の列車の御殿場線への乗入れは、国鉄時代から実施されていた。かつては「あさぎり」という列車名であったが、2018（平成30）年３月17日に改称された。

御殿場線への乗入れは、1955（昭和30）年10月１日に小田急の5000形気動車による特別準急列車が、片乗入れで運転を開始したことによる。1968（昭和43）年10月のダイヤ改正で御殿場線の電化が完成すると、気動車から小田急の電車のSE（3000形）に変更となるとともに、列車種別は「連絡急行」に格上げとなった。

そして1991（平成３）年３月のダイヤ改正からは、小田急がRSE（20000形）を、ＪＲ東海は371系電車を新造すると同時に、列車種別を特急に格上げして運転区間を沼津まで延伸した。

このRSE（20000形）や371系は、新造された時期がバブル期であったこともあり、グリ

MSE車内。カーペット調の落ち着いた配色だ。

371系時代の「あさぎり」。富士山が車窓のハイライトだった。1991（平成3）年頃。

MSE車の先頭部。木目調と間接照明が高級感を演出している。

御殿場線直通の連絡急行「あさぎり」として長年活躍したＳＥ車。

ーン車が２両も連結されただけでなく、ビュフェまでもが設けられた。小田急の「ロマンスカー」では「走る喫茶室」が名物であったが、「あさぎり」ではグリーン車のみにてシートサービスが実施された。

だが2012（平成24）年３月17日のダイヤ改正からは、車両が小田急のMSE（60000形）に置き換えられただけでなく、運転区間も沼津から御殿場へ短縮となった。さらに運転本数も、１日当たり４往復から３往復に削減されてしまった。

RSE（20000形）や371系は、デビューから20年程度しか経過していないため、車両の老朽化は進んでいたわけではないが、2000（平成12）年にバリアフリー法が施行されたため、段差のある２階建て車両を組み込んだ編成を使用することは望ましくない、と判断されたことからの置換えであった。MSE（60000形）への置換えにより、編成もモノクラスとなり、かつ車内販売もなくなって自動販売機で対応という形でサービスは低下してしまった。しかし、乗入れ先の御殿場線の旅は、歴史を感じさせてくれるという点で魅力的ではある。

御殿場線は、1934（昭和９）年に丹那トンネルが開通するまでは東海道本線であったことから、複線であった時代のトンネルの跡が残されていたりする。また、25‰の急勾配がつづくことから、当時は蒸気機関車が重連で特急・急行の客車を牽引していた。それが現在の近代的な電車では、勾配を難なく登坂する点にも注目したい。

四季折々の色あいを見せる富士山が傍で望めることも、御殿場線の旅の楽しみである。

コラム

小田急のリゾート開発のれきし

芦ノ湖は日本を代表する富士山を湖越しに臨める屈指の景勝地だ。ケーブルカーやロープウェイ、登山電車、遊覧船とバラエティに富む乗り物を活用した回遊コースは、親子連れにもってこいだ。写真提供：公益社団法人神奈川県観光協会

戦後の小田急電鉄は、戦前の東京急行電鉄（現：東急電鉄）からは分離する形で独立して誕生している。その時、京王帝都電鉄（現：京王電鉄）、京浜急行電鉄の２社が、それぞれ戦前の東京急行電鉄から分離している。

小田急が戦前の東京急行電鉄から独立したのは、1948（昭和23）年６月１日であり、6635万1000円で事業を譲り受けて発足した。

戦前の小田急電鉄は、1942（昭和17）年に東京急行電鉄に統合されるまでは鬼怒川水力電気の子会社であり、帝都電鉄線（現：井の頭線）も運営していた。そして1948年に経営分離される際に、井の頭線は京王帝都電鉄（現：京王電鉄）に移譲された。

その代わりに、戦前は無関係であった箱根登山鉄道と神奈川中央乗合自動車（現：神奈川中央交通）の株式の一部だけでなく、同じく戦前は無関係であった江ノ島電鉄も、持ち株の一部を東京急行電鉄から譲受され、系列にしている。現在は、箱根ロープウェイや東海自動車も、小田急グループになっている。

箱根登山鉄道や江ノ島電鉄の持ち株の一部譲渡が、戦後に小田急がリゾート輸送に力を入れるきっかけを作ったといえる。小田急グループは、伊豆半島の観光開発も行なっているが、観光開発は東伊豆から始まり、南へ南

下して西伊豆へと向かった。規模に関しては、西武鉄道グループや東急電鉄グループと比較すれば、小規模な施設などが多いといえる。

箱根登山鉄道の箱根湯本への小田急の乗入れは、1950（昭和25）年８月１日からである。これにより首都圏の代表的な観光地である箱根へのアクセスが、非常に便利になった。

だが箱根湯本まで乗り入れるには、小田急と箱根登山鉄道のゲージ幅が異なるという課題を克服しなければならなかった。箱根登山鉄道は標準軌といわれる1,435㎜ゲージであるが、小田急は狭軌といわれる1,067㎜ゲージである。そこで小田原～箱根湯本間の6.1キロは、標準軌の内側にもう１本レールを敷設して、狭軌の小田急電車を箱根湯本まで乗り入れさせるようにした。

翌1951（昭和26）年２月１日からは、本格的な「ロマンスカー」である1700形が導入され、サービスの向上が図られる。同年の８月20日からは、特急列車は全席が座席指定制となった。

小田急は、箱根登山鉄道以外にもＪＲ御殿場線へ特急「ふじさん」が、MSE（60000形）で乗り入れている。

小田急では、従来の小田原や熱海から箱根へ向かう観光ルートだけでなく、御殿場から箱根への観光ルートにも着目していた。また御殿場から山中湖を経て、富士五湖への観光ルートの開拓も、小田急では視野に入れていた。

御殿場線への乗入れを開始したのは、1955（昭和30）年10月１日からである。国鉄御殿場線の松田と小田急小田原線を結ぶ短絡線が開通したことにより、小田急は特別準急「銀嶺」「芙蓉」の運行を開始した。列車には、当時の御殿場線が非電化であったため、キハ5000形という気動車が用いられた。特別準急「銀嶺」「芙蓉」は小田急線内では特急扱いであったが、御殿場線では準急扱いになるものの、唯一の優等列車であったことから御殿場線沿線から東京へ出張する人には好評であった。

1957（昭和32）年６月22日からは、国鉄線で最高速度の記録を出した「ロマンスカー」のSE（3000形）が運行を開始する。SEは、新宿～小田原間を60分で結ぶことを目標に開発された車両である。当時、最先端の技術であった中空軸平行カルダンという駆動方式が日本の優等列車に初めて採用され、騒音や振動が少なく、快適な乗り心地が実現した。

SE（3000形）の車内に、冷房装置はデビュー当初に設置されなかったが、1,000㎜のシートピッチの回転クロスシートが導入された。翌年に登場した、国鉄の151系特急型電車よりもゆったりした車内構造であった。

小田急も近鉄と同様に、日本の特急電車をリードしてきた歴史がある。箱根という観光地を抱えることから、前面展望を売りとした特急電車が多く製造され、行楽地への輸送に貢献してきたといえる。

ONE POINT COLUMN

この列車にこのサービス

小田急ロマンスカー 走る喫茶室

ロマンスカーの代表的なシートサービスで、日東紅茶や森永製菓などの飲料メーカーが担当して人気を集めた。

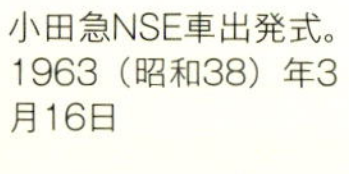

小田急NSE車出発式。1963（昭和38）年3月16日

直接、飲み物を席まで届けてくれた。

JRの特急列車

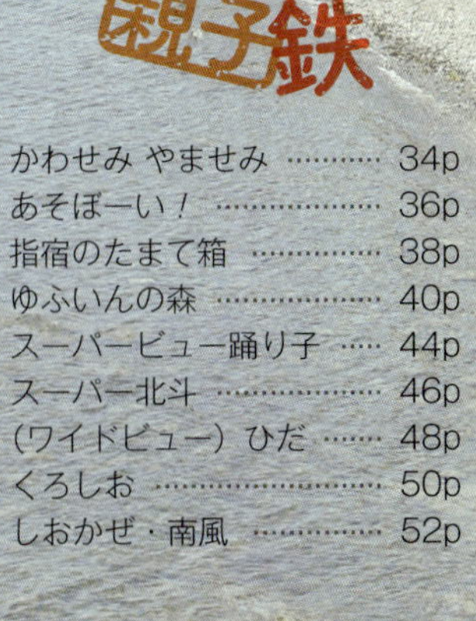

JRがまだ国鉄と呼ばれていた頃、SLブームやブルートレインブームがあり、遠い所に憧れたものだ。レールの先に、まだ知らない世界があることに、好奇心をかき立てられた。
現代、JR各社から個性的な列車が次々に登場している。子どもたちに乗せてやりたいと思う。と、一応、表向きに言ってみよう。実は内心、自分が乗ってみたいから。
親子の時間を、全国を疾走する特急列車が作ってくれる。素晴らしいことじゃないか。

沿線の風物をマッチさせた車内

かわせみ やませみ

ＪＲ九州　鹿児島本線・肥薩線　熊本－人吉

ＪＲ九州が展開するＤ＆Ｓ列車で、11番目に登場。球磨川の大自然に因み、「翡翠（かわせみ）」「山翡翠（やませみ）」から愛称を採っている。肥薩線の活性化にも貢献している。

特急「かわせみ　やませみ」は、肥薩線を走る観光列車として、2017（平成29）年３月４日に運行を開始した、ＪＲ九州では11番目の「Ｄ＆Ｓ列車」(デザイン＆ストーリー列車)である。

熊本～人吉間の優等列車には、2016（平成28）年３月26日のダイヤ改正までは特急「くまがわ」が運転されていたが、このダイヤ改正で廃止された。特急列車が廃止されたことで、肥薩線の利用者が減少したこともあり、その後１年で復活することとなった。

「かわせみ　やませみ」は、熊本～人吉間に３往復が運行されており、同区間には特急「いさぶろう・しんぺい」も１往復運転されているから、合計で４往復の特急列車が運行されていることになる。

「かわせみ　やませみ」は、キハ47形の２両編成で運転され、全車普通車の座席指定車である。ただし「かわせみ　やませみ１・２」号の２号車は自由席となっており、地元の利用者への利便性が配慮されている。

両方の車両に共通する特徴として、自然の

香りと温もりが感じられる車内を目指していることが挙げられる。そして「地域密着」にこだわっており、床材などに人吉・球磨産のスギやヒノキ、車内にある暖簾には八代産のイグサが使用されている。

人吉駅側の1号車のキハ47 8087には、「かわせみ」の愛称が付けられている。車体色や座席のモケットの色は、青を基調としている。車内には、リクライニングシートが24席、窓側を向いたカウンター席が10席、子ども椅子が3席設けられている。この座席は、「みどりの窓口」では販売されていないが、子どもがこの座席に座って球磨川の流れを堪能できるように配慮されている。そのほかに、グループ利用へも配慮してボックス席が4席、ソファ型の座席が2席設置されているが、この座席は固定式であり、向きを変えることはできない。

連結面寄りの部分には、バリアフリー対応となった多目的トイレがあり、これは種車のトイレを改造している。

2号車キハ47 9051には、「やませみ」の愛称が付けられており、車体色や座席のモケットの色は緑を基調としている。車内には固定式のソファ席が4席、リクライニングシートが16席、窓側を向いた「カウンター席」が4席、同じく窓側を向いた「やませみベンチシート」が2席、ボックス席が8席設けられており、家族やグループで利用するのに、適した座席配置になっている。

「やませみベンチシート」は、幅の広い座席である。2号車が指定席の列車の場合は、「やませみベンチシート」を利用する際は、座席幅が広いという付加価値があるため、通常の指定席特急料金に加えて210円が必要となる。また、運転台の後ろに設けられている4席のソファー席はロングシートになっているが、座席の背もたれが高くなっており、座り心地が改善されている。

天井は、非常に凝ったデザインが施されている。

カウンター席やボックス席などは、JR九州のインターネット予約やJR西日本「e5489」などのネット予約サービスには対応していない。これらの座席を希望する場合は、駅の「みどりの窓口」や旅行センター、主な旅行会社で買い求めることになる。

車内には、ショーケースやビュッフェを兼ねたサービスコーナーも設けられている。ビュッフェでは、弁当や地元産の果物などを使用したスイーツ以外にコーヒーなどのソフトドリンクや熊本県産の焼酎などが販売されている。JR九州では、九州新幹線であっても車内販売が廃止されているため、このビュッフェは貴重な存在といえる。

「かわせみ やませみ」が走行する肥薩線は、風光明媚な車窓が魅力的であるが、車両からの前面展望はできない構造になっている。そこで車内では、タブレットとVRゴーグル（13歳未満利用不可）・スマートフォンを用意している。これらを利用すると、居ながらにして、球磨川下りのラフティングや、疑似的な飛行体験、車両上部から見た列車の運行の視聴体験ができるようになっている。運行映像については、前面部にカメラを取り付け、撮影したものを提供している。利用の際には、客室乗務員へ依頼すればよい。

車内はまるで遊園地のよう

あそぼーい！

ＪＲ九州　豊肥本線　阿蘇－別府（熊本～宮地）

もとは1988（昭和63）年に登場した「オランダ村特急」の車両。オリジナルキャラクターの「くろちゃん」が車内を遊びまわるようにペイントされた車内デザインが、親子連れに人気だ。

2011（平成23）年６月４日、キハ183系気動車を改造した特急「あそぼーい！」が運行を開始した。

特急「あそぼーい！」は、土休日および春休み、夏休み、冬休み、ゴールデン・ウイークに、熊本～宮地間を１日２往復。下り列車は２本とも立野駅で、南阿蘇鉄道高森線のトロッコ列車「ゆうすげ号」に接続するダイヤだ。ただし、現在は土休日を中心に阿蘇～別府間の運転となっている。

全車普通車の座席指定席であり、グリーン車は備わっていない。阿蘇～別府間を１往復

“白いくろちゃんシート”は、親子連れに人気が高い。親子の背丈にあわせたシートが人気のヒミツ。

「あそぼーい！」の車内は、木材が多用されて、人に優しい作りになっている。

している現在、1号車の8番〜10番の座席は、自由席になっている。これは、地元の人たちも利用できるように設定されている。

車内の座席や設備は、バラエティーに富んでいる。3号車は「ファミリー車両」で、子どもといっしょに車窓を楽しむことができる「白いくろちゃんシート」が9席設けられている。

「白いくろちゃんシート」はリクライニング機能は備わっていない。転換式の座席であるが、転換した際には必ず子ども用の小型の座席が窓際になるように配慮されている。これは、子どもに鉄道旅行の楽しみを味わってもらいたいからである。また木製のフットレストも備わっている。

また3号車には、子どもの遊び場として、木のボールが埋まった「木のプール」や寝転がることが可能な絨毯敷きの和室、絵本を備えた図書室、グループで利用可能なフリースペースが設けられている。この木のプールには、注意書きとして「子どもだけの利用はご遠慮ください」となっている。これは事故などを防止する必要があるためだ。クルーが傍にいる時か、親が傍にいる時に利用できるように決められている。

「あそぼーい！」は「D＆S列車」であることから、「くろカフェ」という売店兼ビュッフェが設置されている。このカフェのカウンターは、子どもが利用することへも配慮し、子どもが飲食物を受け取りやすいように、カウンターの一部が低くなっている。

ちなみに筆者は「くろカフェ」でコーヒーを注文したことがあるが、クルーが自らドリップして提供する手作りのサービスが実施されており、コンビニエンスストアやファミリーレストランのコーヒーとは、ひと味違う味わいがあった。また、熊本県産の商品が豊富であることも印象に残った。

1・4号車には展望室があり、前方の展望が楽しめる「パノラマシート」が12席設けられている。この座席は、少しでも前方の展望を楽しんでもらいたく、座席の背もたれが低くなっている。また展望シートには、読書灯も備わっている。

「白いくろちゃんシート」「パノラマシート」を利用する際は、通常期の指定席特急料金に210円が加算される。割引きっぷの場合も追加料金がかかるが、一部利用できないきっぷもある。

「あそぼーい！」は、特急形のキハ183系気動車を改造しているため、空気ばね台車を採用しており、キハ47系気動車を改造したほかの「D＆S列車」よりも、乗り心地が各段に優れているといえる。

浦島太郎の気分で指宿へ

指宿のたまて箱

ＪＲ九州　指宿枕崎線　鹿児島中央－指宿

指宿枕崎線を走る特急列車で、海側と山側で色を変えるという大胆な塗り分けが目を引く。

「指宿のたまて箱」は、2011（平成23）年３月12日の九州新幹線の全線開業に伴い、翌13日から特別快速「なのはなDX」を置き換える形で、鹿児島中央～指宿間で１日に３往復の運転を開始した。

指宿枕崎線では初めての定期運行の特急列車となったが、停車駅や所要時間は快速時代と比較して、とくに変わっていない。鹿児島中央へ向かう列車は、列車の遅延などが生じた際、新幹線に乗り継げなくなると困るため、少しダイヤにゆとりを持たせている。そのため、列車交換が可能な駅では、対向列車に道を譲ったりもする。

列車名の由来は、薩摩半島の最南端にある長崎鼻一帯に伝わる浦島太郎伝説の玉手箱にちなんでいる。

「指宿のたまて箱」は通常は２両編成であり、キハ47系気動車の改造車で運転されるが、土休日や連休などの繁忙期には、１両増結して３両編成で運行される。２両編成で運転する

運転台の後ろには、4人用のコンパートメント席がある。大型のテーブルが設けられているため、家族連れやグループに人気が高い。

応接間のようなソファー席。

客用扉が開くときに放たれるミスト。玉手箱を開けた時のイメージが演出される。

際は、車掌が乗務しないワンマン運転である。この場合、客室乗務員が乗務して、検札や車内販売・観光案内などを行なうが、3両編成で運転する際は車掌が乗務する。

車両は、小倉工場で約1億6,000万円をかけて改造され、乗り心地を良くするため、減衰力制御弁付きの可変減衰上下動ダンパが取り付けられた。

外部塗装は、海側側面と前面の海側半分が白色、山側側面と前面の山側半分が黒色としている。座席の種類は、バラエティに富んでいる。車内は2人掛けの回転リクライニングシートや、運転台の後ろには大型のテーブルが設置された4人用のコンパートメント席、海側を向いた1人掛け席が用意されている。この海側を向いた1人掛けの座席は角度を変えることも可能である。天気がよい日には、桜島を眺めることができるように配慮されている。4人掛けのコンパートメント席は、家族連れで利用する場合に適しているといえる。

そのほか、1号車には車椅子であっても海が眺められるフリースペースや、本棚と本棚の間にはソファー席が設けられている。2号車には、子ども用に海側を向いたキッズチェアが用意されている。ただ子どもの安全性を保つため、その後ろには保護者が監視するためのソファー席が用意されている。これらはフリースペースであるから、「みどりの窓口」などで購入することはできない。

沿線のなかでも、「指宿のたまて箱」が停車する喜入は、知覧へのゲートウェイである。知覧は「薩摩の小京都」と呼ばれる町であり、喜入からバスで40分程度要するが、武家屋敷や知覧特攻平和会館などがあり、立ち寄ってみたい観光地である。また、指宿では足湯があるため、気軽に温泉を楽しむことが可能である。

「指宿のたまて箱」独自のサービスとして、ドアが開いた際には玉手箱の煙に見立てたミストが、連結面寄りの噴出口より噴射できるようになっている。このような実演は、ＪＲ・民鉄も含めてどこの鉄道でも実施されておらず、「指宿のたまて箱」が唯一である。

ゆふいんの森

ＪＲ九州　鹿児島本線・久大本線　博多－由布院－別府

「九州の軽井沢」と呼ばれる由布院観光には欠かせない「ゆふいんの森」。名峰・由布岳は、車窓のハイライトのひとつだ。

「ゆふいんの森」は、1989（平成元）年３月11日のダイヤ改正から運転を開始した臨時特急列車であり、博多～別府間を久大本線経由で運転している。車両にはキハ58系・キハ65系気動車を改造したキハ71系気動車が導入され、外観は全車がハイデッカー構造であり、先頭部はレトロ感覚の曲線美で構成された非貫通構造となっている。先頭車に乗車すれば、前面の展望が楽しむことができる。

車内の床は、難燃性の木材を使用したフローリング仕上げである。観光特急らしく、向合せにした時のことも考慮して、インアーム式のテーブルを備えたリクライニングシートが960㎜の間隔で配置されている。荷棚などには豪華さを演出するため、金メッキが施されており、オリーブグリーンのメタリック塗装や金色の帯などと相まって、おしゃれな感じに仕上がっている。

デビュー当時より高い人気を誇ったことから、1999（平成11）年にはキハ72系気動車を新造して、２代目の「ゆふいんの森」がデビューした。

九州山地を横断するルート。
幽谷を縫うように走る。

増結用として増備された普通車の車内。

ボックスシートが設置された列車もある。

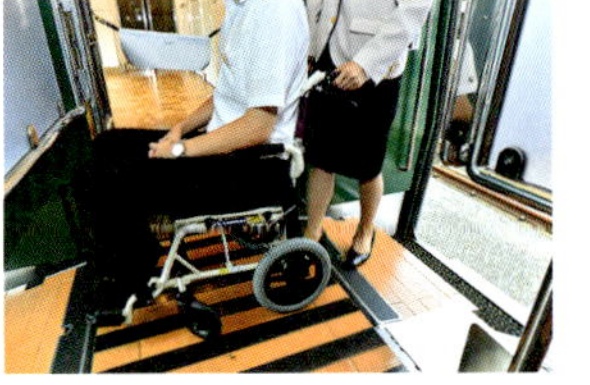

車椅子対応の設備も。

キハ72系気動車の外観は、塗装だけでなくハイデッカー構造も含め、キハ71系気動車とほぼ同じである。座席の構造は、初代の「ゆふいんの森」とほぼ同じであるが、シートピッチが1,000㎜まで広がった。また３号車の中ほどには、ＪＲ九州の787系電車と類似した４人用の簡易コンパートメントが４組ある。この座席は、家族連れやグループで旅行するのに適している。

供食設備としては、キハ71系気動車・キハ72系気動車ともに、観光特急らしく３号車には売店併設のビュッフェを設けており、久大本線の車窓を見ながら食事が楽しめる。そのほか車椅子対応のトイレが設置され、バリアフリー対策がなされており、情報化時代に対応して全車両でWi-Fiが利用できる。

「ゆふいんの森」は、博多～由布院間に２往復（下り１・５号/上り２・６号）がキハ72系気動車の５両編成で運転され、博多～別府間１往復（下り３号/上り４号）はキハ71系気動車の４両編成で、ほぼ毎日運転される。

久大本線由布院駅の駅舎もリニューアルされており、柵がない構造の改札口になっているが、乗車券類の改札は行なう。ベビーカーを持った利用者も抵抗なく利用できるように、大分寄りはスロープとなっている。

さらに「ゆふいんの森」は、ＪＲ九州の観光列車の中でも外国人からの人気が高く、乗客の７割が外国人という日もある。由布院にはテーマパークやレジャーランドなどはないが、静かで心安らぐ雰囲気や景観、それに温泉が魅力的といえる。

「ゆふいんの森」に乗車する際、初代「ゆふいんの森」の車両のほうが窓が大きいため、由布岳の雄大な姿が見やすい。また台車も改良されたため、乗り心地も２代目「ゆふいんの森」に、近くなっている。

ローカル線のアイデア活性化策

豪華クルーズ型の寝台列車ブームの先駆けとなった「ななつ星in九州」。実は、ローカル線も走行ルートに含まれ、沿線の活性化に寄与している。

ＪＲ九州はローカル線を活性化させるため、「Ｄ＆Ｓ列車」（デザイン＆ストーリー列車）を積極的に運行することで、ローカル線の魅力を高める試みを実施している。

九州という地域は、福岡市や北九州市、熊本市のような政令指定都市があるだけでなく、鹿児島市や長崎市のような中核都市もあるため、鉄道の能力が発揮できそうにも感じるが、意外と実力が発揮しづらい地域である。

九州の鉄道は、迂回するルートであったり、それに加えて高速バスが大変発達している状況にある。ローカル線は、ＪＲ九州発足当時、国鉄から継承した車両で占められ、それらは老朽化したものも多かった。

そこで、新車を導入して置き換えるよりも、既存の車両を改造して列車の魅力を高めることを進めた。

ＪＲ九州の「Ｄ＆Ｓ列車」の第一号は、香椎線に投入された「アクアエクスプレス」である。この列車は、急行型のキハ58系気動車を改造した車両が導入されたが、外観とともに、車内も従来の急行型気動車の面影を留めないぐらいにグレードアップされていた。

つづいて第二弾として、阿蘇方面への観光

ＪＲ九州Ｄ＆Ｓ列車のはしりとなった「アクアエクスプレス」。以後、改造車両による魅力的な車両が次々に登場しているが、そのデザインの大半を手掛けた水戸岡鋭治氏による最初の鉄道車両だ。

「ＳＬ人吉」は、肥薩線を走る。ローカル線の車窓は、展望車から眺めるには抜群だ。

ONE POINT COLUMN

この列車にこのサービス

食堂車・ビュッフェ

列車内での食事は、時代を問わず楽しいもの。かつては特急、急行列車に多く連結されていたが、現在では観光列車の方が充実している。沿線の特産品などを生かしたグルメ商品などが楽しみ。移りゆく車窓も、おいしさのヒミツだ。

九州の特急列車は、供食サービスの質が高かった。かつての787系つばめにも、ビュッフェが設けられていた。

列車「ＳＬあそぼーい」が1988（昭和63）年に運行を開始した。8620型蒸気機関車が、アメリカの西部開拓時代を模した内装に改造された50系客車を牽引し、豊肥本線熊本～宮地間で運行した。この時に導入された8620型蒸気機関車や50系客車は、その後も車内を再度リニューアルして、「ＳＬ人吉」として運行されている。

1989（平成元）年になると、キハ58系・キハ65系急行型気動車を改造した車両で、博多～別府間に久大本線を経由する特急「ゆふいんの森」がデビューしている。

これらの「Ｄ＆Ｓ列車」は利用者から好評であったことから、ダイヤ改正を行なうごとにローカル線で「Ｄ＆Ｓ列車」が運行されるようになり、ローカル線の活性化に貢献している。

これらの「Ｄ＆Ｓ列車」は観光に特化しており、定期の特急列車よりも車内が豪華であるだけでなく、ビュッフェや車内販売を備えるなど、列車の旅そのものを魅力あるものに仕上げている。

2015（平成27）年10月には、いままでの「Ｄ＆Ｓ列車」の集大成として、「ななつ星in九州」という超豪華クルーズトレインを、デビューさせている。

「ななつ星in九州」はクルーズトレインであるから、「Ｄ＆Ｓ列車」のサービス内容をさらに発展させている。また肥薩線などのローカル線も走行することから、ローカル線の活性化にも貢献しているといえる。

乗った時からリゾート満喫。伊豆直行の豪華特急。

スーパービュー踊り子

JR東日本　東海道本線・伊東線・伊豆急行　東京・池袋－伊豆急下田　ほか

首都圏と伊豆地方の観光輸送に特化した特急列車で、平成２（1990）年の登場。ハイデッカーや２階建て構造の特徴を生かした車内レイアウトが人気だ。非常に大きな窓から、伊豆の美しい海が眺望できる点が魅力である。

1990（平成2）年４月から新宿・池袋～伊豆急下田間、東京～伊豆急下田間で運転を開始した、観光客輸送に特化した特急電車である。

「スーパービュー」が売り物であるため、全車が２階建てやハイデッカーの車両で構成されている。10両編成の251系電車で運転されるが、１・２号車は２階建て構造のグリーン車である。１号車の２階席は開放型のグリーン車であり、展望室では前面の展望を楽しむことが可能である。階下には、グリーン車客用のラウンジが設けられている。かつてはビュフェもあり、コーヒーやサンドイッチなどが販売されていた。

２号車は、２階部分は開放型のグリーン座席となっており、階下は４人用のグリーン個室が配置されている。伊豆の美しい海を見ながら旅を楽しんでもらいたく、個室は海に面しており、山側に通路が設けられている。

１号車・２号車の開放型のグリーン車は、通路を挟んで１列と２列の横３列の座席配置であるだけでなく、シートピッチが1,300㎜もあり、新幹線電車の『グランクラス』並み

登場当時の幼児用のプレイルーム。家族連れで利用しやすい列車として、大変話題になった。

先頭車は、前方の展望が効くようにリニューアルされている。

の広さを誇っている。それゆえフットレストではなく、レッグレストが備わっている。

3号車から10号車までは、ハイデッカー構造の普通車指定席であり、「スーパービュー」の名称が付くように、非常に大きな窓からの眺望が楽しめる。眺望に関しては、グリーン車よりも普通車のほうが良好であり、伊豆急下田へ向かう際は、是非とも海側の座席を予約して、家族やグループで伊豆の美しい海を見ながらの旅を楽しみたいものである。

家族連れで旅行することも考慮して、10号車の階下には子どもの遊び場が設けられている。子どもが泣き出したりして困る場合は、ここで遊ばせるようにすれば、子どもの機嫌も直ることであろう。

運転本数は、平日が新宿～伊豆急下田間に下りが1本、東京～伊豆急下田間に2往復、伊豆急下田～池袋間に上りが1本、運行される。

土休日には、東京～伊豆急下田間に2往復される以外に、新宿始発が池袋に延長され、伊豆急下田～新宿間に上り1本が運転される。さらに繁忙期には、池袋・新宿発の1往復が大宮発着に延長運転される。

車内では、日本レストランエンタープライズの“ビューアテンダント”が全区間で乗務を行ない、乗車時の特急券の確認とグリーン車の乗客への車内サービスだけでなく、案内などの各種車内サービスを担当している。

そんな「スーパービュー踊り子」であるが、2020（令和2）年春にはE261系電車8両編成2本が投入され、「サフィール踊り子」として装いを新たにする。伊豆急下田寄りの1号車は“プレミアムグリーン車”となり、横2列の座席配置で1,250㎜のシートピッチになることから、新幹線電車の“グランクラス”に近い居住性となる。

2・3号車はグリーン個室となり、4人用と6人用の各4室（編成あたり8室）が設けられる予定である。家族連れやグループでの旅行に適しており、定員はこの車両も1両20名となる。

4号車には「ヌードルバー」が設けられ、うどんやラーメンなどの麺の飲食サービスを提供する予定である。カウンター席とボックス席が設けられ、2・3号車の個室へデリバリーサービスも行なうとしている。

5～8号車は通路を挟んで1列と2列の座席を配置したグリーン車となり、シートピッチはグリーン車の標準である1,160㎜が継承されるため、JR東日本のほかの特急列車のグリーン車よりも、居住性では優れたグリーン車となる。

全車グリーン車の「サフィール踊り子」に置き換わることで、価格面では割高になる点は否めないが、その分だけハイグレードな旅が楽しめる列車となる。

道南の変化に富んだ車窓に見惚れて…

スーパー北斗

ＪＲ北海道　函館本線　函館－札幌

キハ261系気動車で運転される「スーパー北斗」。道南地方の都市間連絡のほか、北海道新幹線と連絡して本州連絡列車の性格を併せ持つ。

「スーパー北斗」は、1994（平成６）年３月１日から振り子式のキハ281系気動車を投入する形で、従来の特急「北斗」の増発・増強型として運転を開始した。キハ281系気動車は、最高速度が130 km/hに向上しただけでなく、車体を傾斜させることで曲線通過速度を向上させ、札幌～函館間を最速列車では３時間３分で結んだ。

2012（平成24）年頃、エンジントラブルが発生したこともあり、最高運転速度を120km/hとした。さらに振り子機能も使用しない形で運転するようになり、函館～札幌間の所要時間は３時間30～40分となった。

その後は、従来のキハ183系気動車の老朽化に伴い、キハ261系気動車が導入されるようになったが、この気動車は空気ばねの空気を調整することで、車体を傾斜させて曲線を高速で走行させる機能を有している。しかし、現在は車体傾斜機能を使用していない。こうして「北斗」系統は、キハ281系気動車やキハ261系気動車に置き換えられており、全列車が「スーパー北斗」として運行されている。

北海道の鉄道からの車窓は、細切れの写真で見れば素晴らしく感じるが、列車に乗車し

大沼湖畔を軽快に駆け抜けてゆく。キハ281系。

かつてキハ183系気動車で運転されていた時は、ハイデッカー構造のグリーン車が連結されていた。車内からの眺望は非常に良好であった。SH

車窓が非常に魅力的で、そのハイライトが大沼公園と駒ケ岳だ。このほか、噴火湾や昭和新山、牧場風景ほか、道南の立体的な風景が車窓に展開する。SH

て見ていると単調な風景が続くことも多い。けれども「スーパー北斗」の車窓は、変化に富んでいて楽しい。函館を出る時は、函館山が見える。新函館北斗で北海道新幹線と接続するが、その後は大沼公園と駒ケ岳が見えてくる。駒ケ岳のすそ野を迂回するように走行する時は、「スーパー北斗」も速度を抑えながら走行するが、森からは噴火湾の海岸沿いを走り始めると、最高速度120km/hの高速運転が開始する。

途中の礼文華峠などを高速で越えていくと、洞爺付近では昭和新山を見ることができる。その後は東室蘭付近までは噴火湾を見ながらの旅となる。そして登別を出て苫小牧へ向かう間には、樽前山などが視界に広がる。

千歳線に入っても、広大な大地が広がる、内地にはない北海道独特の車窓がつづく。新札幌を過ぎると、進行方向右手に取壊しが計画されている北海道百年記念塔が見え、やがて豊平川を渡り終えると、まもなく札幌に到着する。まさに「スーパー北斗」の旅は、車窓の変化に富んだ楽しい旅である。

かつてキハ183系気動車が特急「北斗」として運転されていた時は、ハイデッカーグリーン車が連結されていた。天地方向に拡大された曲面ガラスの窓からは、北海道の雄大な車窓を楽しむことが可能であったが、キハ281系気動車やキハ261系気動車に置き換わった現在は、通路を挟んで１列と２列配置の座席の、ごく一般的なグリーン車になっている。

深山幽谷の高山本線の車窓がワイドに

(ワイドビュー)ひだ

JR東海　東海道本線・高山本線　名古屋・大阪－高山－富山

大出力エンジンを搭載したキハ85系気動車による「ワイドビューひだ」電車特急並みの高速運転を実現している。

特急「ひだ」は、1968（昭和43）年10月1日から80系気動車を使用して、高山本線で運転を開始した。当初は名古屋から富山を経て北陸本線の金沢まで運転していたが、1985(昭和60）年３月14日に飛驒古川～金沢間が廃止された。

車両は運転開始以来80系気動車が使用されていたが、老朽化が進み、エンジン出力が弱いためこれ以上のスピードアップが難しいことから、1989（平成元）年２月18日からは1往復をキハ85系気動車に置き換えた。翌1990（平成２）年３月10日のダイヤ改正より、急行「のりくら」を特急「ひだ」へと格上げを行なうと同時に、全列車がキハ85系気動車に置き換えられた。

キハ85系気動車徴は、ステンレス車体に非常に大きな窓が特徴である。また座席の部分が床面よりも高くなっており、大きな窓と相まって、車外へ投げ出されたような感覚になってしまう。

キハ85系気動車の車内は普通車であってもシートピッチが1,000㎜もあるため、とてもゆったりとしている。そして、英国のカミンズ社製の350馬力のエンジンを各車に２基搭載していることから、高山本線の急勾配を難なく登坂する。また東海道本線の名古屋～岐阜間では最高速度120㎞/h運転を実施し、電車並みの高い加速性能を有している。

高山本線は岐阜を起点に富山まで続くが、岐阜を出てしばらくすると、進行方向右手に犬山城と“日本ライン”の名称で親しまれている長良川が見えてくる。美濃太田を出て上麻生を過ぎると、山間部へ入っていく。上麻生と白川口の間には飛水峡があり、そのなかでも“甌穴（おうけつ）”といわれる、岩石が水の浸食を受けて誕生した風景は、特別天然記念物に指

グリーン車。2-2の横４列の座席配置だが、床には純毛の極上の絨毯が敷かれ、厚手とレースのカーテンを備え、豪華で重厚な雰囲気である。読書灯と背面テーブルとひじ掛け内蔵式のテーブルも備わっている。SH

その名の通り、車窓がワイドに楽しめる大型ガラスを採用している。高山本線といった山岳路線でもスピードを落とさずに駆け抜けてゆく。SH

東海道本線の電化区間でも、高速で走ることができる。

定されている。そして白川口から下呂までは、“中山七里”と呼ばれる風光明媚な景色が続く。

下呂には、日本三大名泉に指定されている下呂温泉がある。各旅館では、入浴だけであっても歓迎してもらえる。また温泉を引いた割安な公衆浴場もあるため、下呂で途中下車することも悪くはない。

下呂を出ると、いままでのような渓谷美はなくなってしまうが、２～３月までは進行方向右手には、雪を被った日本アルプスなどを見ながらの旅となる。そして高山本線で一番長い全長2,070mの宮トンネルを抜けると、まもなく高山に到着する。

高山は、春と秋の高山祭が知られており、上三之町などの古い街並みがつづく通りもある。また朝市が開催されるなど、街を歩けば高山の人びとの暮らしぶりを垣間見ることができる。

高山から先の飛騨古川も、古い街並みが残る街であり、高山とは異なった魅力的な町であるといえる。

以前は、高山までの道路事情が悪かったため、岐阜から高山までは鉄道の独擅場であった。しかし現在は、高速道路の延伸開業もあり、高速バスとの輸送競争が激しくなっている。そこで、キハ85系気動車に代わる新型気動車ＨＣ85系が導入される予定になっている。

ＨＣ85系は、エンジンで発電した電気でモーターを回して走行するハイブリッド型の気動車であり、駆動時はバッテリーに溜めた電気を使用する。省エネルギーになるだけでなく、電気式であるから液体変速機や推進軸も必要がなくなる。かつ「変速」から「直結」への切替えもなくなるため、乗り心地や車内の静寂性も大きく向上することになる。

黒潮洗う紀伊半島の名物特急

くろしお

ＪＲ西日本　東海道本線・阪和線・紀勢本線
京都・新大阪・天王寺－白浜・新宮

和歌山県の海岸線に沿って走る「くろしお」は、太平洋を雄大に臨める車窓が見もの。

「くろしお」は、京阪神地区と南紀を結ぶ特急列車である。特急「くろしお」という名称は、1965（昭和40）年３月１日に天王寺～名古屋間で、「ブルドック」の愛称で親しまれていたキハ80系キハ81形気動車を用いて、阪和線・紀勢本線・関西本線を経由して運行を開始した列車から現在に受け継がれている。

1978（昭和53）年10月２日には、紀勢本線のなかでも輸送量の多い和歌山～新宮間が電化され、天王寺～新宮間の特急は「くろしお」の名称を継承したものの、車両は気動車から振り子式の381系電車に置き換えられた。

いっぽうの名古屋～新宮・紀伊勝浦間の特急は、名称が「南紀」に変更されただけでなく、貫通型のキハ82形気動車に置き換えられ、キハ81形気動車は引退した。

1985（昭和60）年３月14日のダイヤ改正では、天王寺～新宮間の優等列車はすべて特急「くろしお」に格上げされ、急行「きのくに」は廃止された。当時、急行「きのくに」の特急「くろしお」へ格上げで不足する特急車両については、東北方面などで使用された485

くろしおの特徴は、283系電車が限定で使用されること。新宮側の先頭車がパノラマ型のグリーン車になっており、前面スタイルも異なる。

かつて設置されて子どもに人気があった「パンダシート」。SH

系電車を活用することになった。翌1986（昭和61）年11月1日のダイヤ改正からは、伯備線の特急「やくも」を短編成化するなどで捻出した381系電車を導入し、全列車の381系化が完了した。

1989（平成元）年7月22日には、天王寺駅構内で大阪環状線と阪和線との短絡線が完成したことに伴い、ダイヤ改正が実施された。この改正では、グリーン車であるサロ380に前面展望が可能な改造を施し、「スーパーくろしお」という名称で運行を開始した。また「くろしお」「スーパーくろしお」が、天王寺から大阪環状線、梅田貨物線を経由して新大阪・京都まで運転されるようになった。

その後も、1996（平成8）年7月31日から新型の283系振り子式電車を使用して、「スーパーくろしお（オーシャンアロー）」が運行を開始した。283系は、381系電車のパノラマグリーン車が好評であったことから、グリーン車は前面展望が可能なパノラマ型になっている。そして1997（平成9）年には、283系電車を使用した列車は、名称を「オーシャンアロー」へ変更している。

「くろしお」で使用されていた381系電車は、老朽化が進んでいたこともあり、2012（平成24）年3月17日のダイヤ改正からは、振り子式でない287系電車を投入して、置き換えられている。287系電車は、381系電車よりも加減速性能などは向上しているが、非振り子式電車のため、新大阪～白浜間で所要時間が5分程度延びた。また列車名が、「くろしお」「スーパーくろしお」「オーシャンアロー」と3つもあって煩雑なことから、この改正で列車名をすべて「くろしお」に統一した。

「くろしお」の特徴は、沿線の車窓が非常に素晴らしいことである。とくに白浜～新宮間では急カーブが連続するため、高速運転が難しくなるものの、海岸美などを眺めながらの旅はじつに楽しく、串本付近では、有名な“橋杭岩”を見ることができる。ここでは、奮発して283系パノラマグリーン車を利用してみたいところである。また3号車には「展望ラウンジ」があり、全座席が海側を向いており、美しい海岸線を楽しみながら旅行ができるようになっている。

沿線の白浜にはテーマパークのアドベンチャーワールドがある。ここには6頭のジャイアントパンダが暮らしている。ジャイアントパンダは非常に人気があることから、381系電車が使用されていた時期は、子ども連れが楽しめるよう座席に“パンダシート”を設置していた。ちなみに現在では、外観だけでなく車内もジャイアントパンダをデザインにした287系電車の「くろしお」が運行されている。普通車の座席のヘッドカバーにジャイアントパンダの顔がデザインされており、車両を仕切る車内扉のラッピングにもジャイアントパンダが描かれたものがある。子どもだけでなく、おとなも利用してみたいと思える列車である。

四国内を右へ左へと高速運転

しおかぜ・南風

ＪＲ西日本・ＪＲ四国　宇野線・本四備讃線・予讃線・土讃線
岡山－松山・高知　ほか

2014（平成26）年に登場した8600系。前頭部の円形デザインは、実は蒸気機関車がモチーフ。

ＪＲ四国の主な路線は急曲線が多いこともあり、それが列車の所要時間短縮の妨げになっていた。そこで、特急用である2000系気動車、8000系電車には、振り子式が導入されている。

2000系気動車は、世界初の振り子式気動車であり、急勾配と急カーブが連続する土讃線で、曲線を高速で通過できるように開発された。

だが高速道路が後から完成したこともあり、鉄道はアイデア列車を登場させて対抗している。なかでも代表的な例が、子どもに人気がある「アンパンマン」がデザインされていた「アンパンマン列車」であろう。「アンパンマン」が車体や車内に装飾された2000系気動車は、利用者の中でもとくに子どもから人気があったため、いまも定期列車で運行されている。

一方、予讃線今治～松山間は、海岸沿いを走行することもあるが、急カーブが連続しており、振り子式の8000系電車が導入された。8000系電車は、予讃線の観音寺～伊予市間が

険路・大歩危小歩危を縫うように走る特急南風。四国山地の険しさを実感できる。

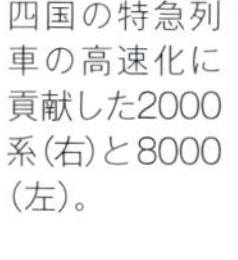

四国の特急列車の高速化に貢献した2000系（右）と8000（左）。

電化した1993（平成５）年に登場し、予讃線のスピードアップや居住性の向上に貢献してきた。そして、後継車の8600系電車は、制御付き自然振り子式を採用するのではなく、空気ばねの空気の量を調整することで車体を傾斜させ、曲線通過速度を向上させる方式に変更された。そのため曲線の走行性能に関しては、制御付き自然振り子式の車両に準じた性能を有している。8600系電車の車内は、居住性が大きく改善されており、普通車の座席にもコンセントが備わっている。特にグリーン車に関しては、1-2の横３列の座席が、8000系電車から継承されているが、床全面が絨毯敷きになっただけでなく、座席にはフットレストとレッグレストの両方が備わっている。そしてコンセントと読書灯、可動式のヘッドレストも備わっており、居住性に関しては大幅に向上している。さらに背面テーブルと肘掛内臓のインアーム式のテーブルも備わり、新幹線の最新式のグリーン車並みか、それ以上の設備となっている。

8600系電車が利用者から非常に好評であったことや、2000系気動車もデビューから30年程度経過したこともあり、老朽化が進んでいた。そこで後継車として、2700系気動車が導入された。

2700系気動車の車内などは、グリーン車・普通車ともに、8600系電車に準じて高い居住性を有している。ただ8600系電車は、空気ばねの空気の量を調整して、車体を傾けて曲線通過速度の向上を図るのに対し、2700系気動車は2000系気動車と同様に、制御付きの自然振り子式が採用されている。

土讃線は、予讃線よりも急カーブが多く、空気ばねの空気の量を調整で車体を傾斜させる方式を採用していると、空気を大量に消費してしまうため、2000系気動車と同様の方式になった。

このように、四国の特急はカーブと速度に対する技術の結晶でもある。四国の地形の険しさを物語っている。

ＳＬは、生きている、と子どもの頃に教わった。石炭を食べ、水を飲み、煙を吐きながら一所懸命に走る姿は、人間とそっくりだ、と。

ＳＬは過去のものだが、復活運転が行なわれている。子どもたちに、ぜひその乗り心地を体験させてやりたいものだ。命の大切さを添えて…

ＳＬ列車

観光地・秩父に大きく貢献

ＳＬパレオエクスプレス

秩父鉄道　熊谷－三峰口

埼玉県秩父地方の観光活性化に大きく貢献している秩父鉄道のＳＬ列車。首都圏から日帰りで楽しめることも、人気を集める理由のひとつだ。

秩父鉄道は、埼玉県北部の三峰口～羽生間71.7キロを東西に横断する秩父本線と、武川～熊谷貨物ターミナル駅間の7.6キロを結ぶ貨物専用線である三ヶ尻線の２路線を運営している。全線が直流1500Vで電化されて信号が自動化されるなど、地方鉄道のなかでは近代化された鉄道であるが、ＳＬを継続的に運行する鉄道会社として知られている。

秩父鉄道がＳＬを運行しようとした経緯は、1988（昭和63）年３月19日から同年の５月29日まで熊谷市で「'88さいたま博覧会」が開催されることが決まり、それに合わせて「ＳＬ

'88さいたま博覧会にあわせて復活したC58 363号機

の運行を」という声が上がったことに起因する。ＳＬの運行は決まったが、牽引機に関しては、1987（昭和62）年３月６日に、当時の国鉄が北足立郡吹上町（現：鴻巣市）の町立吹上小学校で静態保存されていたC58 363の車籍を復活させることになった。

ＳＬ列車は1988（昭和63）年３月15日から、土休日を中心に「ＳＬパレオエクスプレス」の列車名で運転を開始した。当初、ＳＬが牽引する客車はＪＲ東日本が所有していたスハ43系客車であった。「ＳＬパレオエクスプレス」に乗車するには乗車券のほかに510円の「ＳＬ整理券」が必要となった。

だがスハ43系客車は、国鉄が戦後すぐの時期に製造した急行用客車であり、老朽化が進んでいるだけでなく、非冷房であったため、サービス上からも望ましくなかった。そこで、2000（平成12）年にＪＲ東日本から12系客車を購入して、スハ43系客車を置き換えた。

また運行開始から全車自由席で運行していたが、利用者から「座席指定席が欲しい」という要望を受け、2005（平成17）年から座席指定車が登場した。座席指定車を利用するには、「ＳＬ座席指定券」が必要である。

12系客車は、国鉄が1970（昭和45）年に大阪で開催される万国博覧会に備え、1969（昭和44）年に増備した波動用の急行用客車である。冷暖房完備であるだけでなくシートピッ

国鉄の客車時代のレイアウトがそのまま生かされている車内。

チも広く、空気ばね台車を採用していた。そのため、線路規格の低い秩父鉄道でも大幅に乗り心地が改善されるなど、居住性が大きく向上した。

秩父鉄道のなかでは、長瀞付近にある荒川の鉄橋を通過する際の光景が圧巻であるといえる。鉄橋の高さもさることながら、渓谷美などの車窓風景が素晴らしい。

2012（平成24年）は、運行から25周年を迎える記念すべき年になった。そこでC58 363の大規模な点検を行ない、12系客車の外観をダークグリーンから赤茶色に塗り替え、車内をレトロ調に改造するリニューアルを実施した。また秩父出身であり、テレビ番組の「笑点」でお馴染みの落語家・林家たい平師匠が、映像で沿線の観光案内を行なっている。

東京方面から秩父へのアクセスは、池袋から西武鉄道を利用するのが便利である。とくに2019（平成31）年３月のダイヤ改正からは、新型の特急電車がデビューしたこともあり、秩父へのアクセスは快適になった。この特急電車は、非常に大きな窓が特徴であるから、秩父路の車窓を堪能できる。また西武鉄道では、土休日には「52席の至福」というグルメ列車も運行しており、「ＳＬパレオエクスプレス」と両方の列車を楽しむことが可能である。

ＳＬかわね路号

大井川鐵道　新金谷－千頭

ＳＬの復活運転のパイオニア・大井川鐵道は、SLの動態保存に積極的だ。昔ながらの旧型客車や、沿線のロケーションなど、蒸気機関車全盛の時代の風景は、ぜひ次の世代を担う子どもたちに見てほしいものである。

大井川鐵道の鉄道路線は、大井川本線の金谷～千頭（せんず）間の39.5キロと、中部電力から運営を委託されている井川線の千頭～井川間の25.5キロの２路線を運営している。

大井川鐵道はＳＬの動態保存で有名である。「ＳＬやまぐち号」が走るＪＲ山口線よりも３年早く、1976（昭和51）年に日本で初めてＳＬの動態保存を始めた。ＳＬ急行「かわね路号」の名称で運転され、原則として毎日、新金谷～千頭間に１日１往復運行されるが、ＪＲ東海道本線と接続する金谷からの利用者の利便性を向上させるため、ＳＬ列車のダイヤに合わせて、金谷～新金谷間のシャトル電車も設定されている。ＳＬ列車の始発が新金谷になるのは、金谷の駅構内に転車台がないためである。

このＳＬ急行「かわね路号」に乗車するには、乗車券のほかにおとな820円・子ども410円の急行券が必要である。休日など、期間によっては２往復または３往復に増便されることもある。また「おでん列車」などのイベント列車をＳＬが牽引することもあり、活躍する機会が多いといえる。

大井川本線で運行されるＳＬ列車には、旧

客車の塗装にもバリエーションがあり、トーマス号に使用される客車はオレンジ色だ。

大井川鐵道は名車の宝庫。大手私鉄の車両が活躍している。写真は元近鉄16000系。

形客車が使用されている。そこで、戦前・戦時中を舞台にしたドラマや映画を制作する際、大井川鐵道でロケーション撮影が行なわれたりする。2014（平成26）年10月〜2015（平成27）年3月まで、NHKの朝の連続テレビ小説「マッサン」も、駅や列車のシーンは大井川鐵道で撮影された。

大井川鐵道の稼ぎ頭はSL列車であり、少子高齢化の進展による沿線人口の減少などから、現在は収入の9割を観光客から得る構造となっている。東日本大震災後はバスツアーの団体客などの減少に歯止めがかかっておらず、2011（平成23）年度から2期連続で最終赤字を計上していた。

大井川鐵道が経営危機に陥ったこともある。活性化策として2014（平成26）年の夏休みイベントに、C11 227を改装した「きかんしゃトーマス号」の運行を実施した。そして2015（平成27）年からは、C56 44を改装した「きかんしゃジェームス号」も登場した。両方のSLが運転される日もあるため、往路は「きかんしゃトーマス号」で、復路は「きかんしゃジェームス号」という組合せや、その逆の利用も可能となった。この改装では、「きかんしゃトーマス号」は車体を青色に、「きかんしゃジェームス号」は車体を赤色に変更している。そして前照灯の位置が、ボイラー上部から連結器付近に移設され、客車もオレンジ色を基調とした明るい塗色となっている。

「きかんしゃジェームス号」が運転を開始し、「きかんしゃトーマス号」「きかんしゃジェームス号」ともに人気があったことから、従来のSL急行料金よりも割高なおとな1300円の「トーマス・ジェームス料金」が、新たに設定された。

「きかんしゃトーマス号」「きかんしゃジェームス号」で使用される客車は、各座席にトーマスのキャラクターをデザインしたヘッドカバーが装着されている。車内放送では沿線名所を案内しており、声優の比嘉久美子が「きかんしゃトーマス号」、同じく声優の江原正士が「きかんしゃジェームス」の車内放送を担当する。

さらに2016（平成28）年6月9日に、JR北海道から急行「はまなす」で使用されていた14系客車を4両購入した。大井川鐵道では、「SL列車で使う客車のサービス向上を図り、かつ現在保有する旧型客車にかかる負荷を軽減させるため」と、購入した目的をアナウンスしている。14系客車は、国鉄で1971（昭和46）年より製造された優等列車用の客車であり、冷暖房完備であるだけでなく、車内の座席はリクライニングシートが備わっている。

大井川鐵道では、この14系客車以外にJR西日本からも、2018（平成30）年に「SLやまぐち号」で使用されていた12系客車を購入している。12系客車とともに、SLに牽引される勇姿が待たれている。

ＳＬ大樹

東武鉄道　下今市－鬼怒川温泉

東武鉄道は、鉄道会社として本格的にＳＬの常時復活運転と技術継承に取り組んでいる。「ＳＬ大樹」は、日光・鬼怒川観光の目玉のひとつに成長している。

「ＳＬ大樹」は、2017（平成29）年８月10日から鬼怒川線下今市～鬼怒川温泉間で、土休日を中心に１日３往復運転されている。東武鉄道がＳＬを運転するのは、1966（昭和41）年６月に佐野線で運転を終了して以来、約51年ぶりとなった。

東武鉄道がＳＬを運転しようとした動機のひとつは、鬼怒川線の活性化である。鬼怒川線は利用者が低迷していることもあり、東武鉄道も経費削減を進めている。「リバティきぬ」「リバティ会津」などの特急電車であっても、下今市～新藤原間は各駅に停車し、かつ座席指定を受けない場合は普通乗車券だけで乗車が可能となっている。

経費削減ばかり進めていたのでは、鬼怒川線は活性化しない。そこで観光客を誘致するため、ＳＬの運行を決めた。しかし、東武鉄道はＳＬを所有していないだけでなく、転車台などのＳＬを運行する施設や客車、運行のノウハウも失なっていた。

そこで、ＳＬはＪＲ北海道が保有するＣ11 207を借り受けた。客車はＪＲ四国から14系客車４両と、グリーン車仕様となった12系客車を２両、譲り受けた。これらの客車は、国鉄時代に新製された時のように、座席のモケットを群青色に張り替え、かつカーテンも当時の柄に交換されている。さらに座席のカバーは、白色のリネンが使用されており、かつての国鉄の急行列車で旅をしている気分に浸れる。14系客車には乗務員室があるだけでなく、冷暖房や車内照明で使用する電気を賄うディーゼルエンジンが搭載されている。そして2019（平成31）年４月13日より、かつてＪＲ北海道が所有し、急行「はまなす」の「ドリームカー」として使用されていたオハ14 505も加わった。

「ＳＬ大樹」は客車を３両つないで運転するが、必ずＳＬの後ろには車掌車が連結される。この車掌車には、ATS（自動列車停止装置）を搭載している。これは、ＳＬにATSを搭載するスペースがなかったからである。そして「ＳＬ大樹」の最後部には、補機としてディ

機関車の後ろに車掌車が連結されるが、この車両にはATSが搭載されている。SH

ーゼル機関車のＤＥ10形が連結されるが、これはＪＲ東日本から１両だけ譲り受けたものだ。

ディーゼル機関車の補機を使用するのは、上り勾配での速度低下を防ぐだけではない。ＳＬの調子がよくない時もあり、「ＳＬ大樹」に遅れを出さないようにして、特急電車などの定時運行を維持するためである。

鬼怒川線は、下今市から鬼怒川温泉へ向かう時は上り勾配が連続する。鬼怒川線は軽便規格で建設されているため、急カーブがあるだけでなく勾配もあることから、特急電車であっても高速運転には適さない線形である。しかし、車窓からは大谷(だいや)川や男体山が望めるなど、景色は悪くはない。

また、東武鉄道では、転車台などはなかった。そこで下今市には、国鉄時代に長門機関区で使用されていた転車台を、鬼怒川温泉には国鉄時代に芸備線の三次機関区で使用されていた転車台を、それぞれ譲り受けた。

さらに、東武鉄道にはＳＬを運転できる機関士や検修担当の技術者がいなかった。そこでＳＬの運行実績があるＪＲ・私鉄・第三セクター鉄道などに、乗務員の研修を依頼した。また補機であるＤＬの機関士も養成しなければならず、真岡鐵道などで研修を受け、甲種内燃車運転免許を取得させた。ＳＬの乗務は、機関士２名と機関助士１名の３名の乗務が基本である。そこへ車両故障などに備え、検修員も必ず乗務する。

「ＳＬ大樹」に乗車するには、乗車券のほかにおとな760円・子ども380円の座席指定券が必要である。なおＣ11 207の故障・検査時は、補機であるＤＥ10が単独で客車を牽引して、「ＤＬ大樹」として運行される。この際にはＤＬ座席指定料金が、おとな520円・子ども260円と、ＳＬ牽引時よりも割安になる。

また「ＳＬ大樹」の運行に合わせ、下今市の駅構内にはＳＬ・ＤＬが配置される下今市機関区と「転車台広場」を開設した。下今市機関区や転車台は、下今市の駅東出口を出た浅草寄りにある。またＳＬ見学エリアとして、下今市の駅中２階に「ＳＬ展示館」が開設した。

「ＳＬ大樹」の最近の話題として、前述した急行「はまなす」の「ドリームカー」として使用されていたオハ14 505の導入が挙げられる。この車両は、元グリーン車の座席を活用しているため、座席が深く傾くだけでなく、車端部にはフリースペースが備わっている。下今市～鬼怒川温泉間の乗車時間は30分強ではあるが、この車両は乗り得であるといえる。

「ＳＬ大樹」では、車内放送で電子音ではあるが『ハイケンスのセレナーデ』が流れ、30分強の乗車時間ながら車内販売が実施される。車内販売では、飲料水だけでなく、「ＳＬ大樹」に関するグッズも販売される。乗車記念として、有料ではあるものの記念撮影も実施されており、「ＳＬ大樹」に乗車したことを記録するにはよいかもしれない。

トイレは全車両に設けられているが、一部の車両の洗面所は車内販売基地などの業務用のスペースに改造されている。

国鉄・ＪＲ時代の14系客車は、発車や停止時に前後の衝撃や振動があったが、「ＳＬ大樹」で使用する14系客車は、緩衝器のゴムを衝撃を吸収しやすい柔らかいタイプに変更しているためか、衝撃や振動はない。静かに発車して静かに停車するという、良好な乗り心地である。

磐越西線のストラクチャーと調和

ＳＬばんえつ物語

ＪＲ東日本　磐越西線　会津若松〜新津など

片道の走行距離が長いため、レイルファンにとっては、ＳＬ時代のストラクチャーが多く残された磐越西線を走るのも、大きな魅力だ。

「ＳＬばんえつ物語」は、４月〜11月の間土休日を中心に磐越西線の新津〜会津若松間を１日に１往復運行される、ＪＲ東日本の臨時列車である。

2007（平成19）年４月28日の営業運転の再開時には、「ＳＬばんえつ物語」で使用される12系客車のリニューアル改造工事が実施された。車体がオリエント急行を思わせる紺色に変更され、座席の背ずりを高くして座り心地が改善された。そして多目的室や、ＳＬ宣伝コーナーも新設された。2012（平成24）年度の運転から、５号車の普通座席が子ども向けのフリースペース「オコジョルーム」に変更されている。

「ＳＬばんえつ物語」としての目玉は、2013（平成25）年度から全国のＳＬ列車のな

非電化線区の構造物が多く残る磐越西線は、ＳＬがよく似合う。

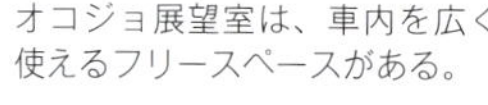

オコジョ展望室は、車内を広く使えるフリースペースがある。

かで、最初にグリーン車が連結されたことである。気品溢れる空間と快適な居住性を感じてもらえるようになっている。

側面の窓は固定式となり、開閉させることはできないが、車内には通路を挟んで１人掛けと２人掛けの回転式のリクライニングシートを配置している。シートピッチは、在来線特急のグリーン車並みであり、かつ床には絨毯が敷かれているから、非常に居住性がよく、乗り得な車両といえる。また、パノラマ展望室が備わり、会津若松へ向かう往路では沿線の流れる景色が楽しめる。新津への復路は、ＳＬの迫力ある走行シーンが楽しめる。パノラマ展望室は、グリーン指定券を所有している乗客にはフリースペースとして提供されている。

新津寄りの７号車がグリーン車であり、定員は30名である。これにより「ＳＬばんえつ物語」の１編成の定員は、366名に変更された。そして2014（平成26）年度の運転からは、７両全車両がグリーン車と同一の塗装となり、さらに厳かな雰囲気が演出された。その際、１号車も７号車と同様に改造工事が行なわれ、１号車が「オコジョルーム」という“子どもの遊び場”となっただけでなく、グリーン車と同様にパノラマ展望室が追加された。この改造により１号車が完全フリースペース車となり、５号車は普通の座席に戻された。

「ＳＬばんえつ物語」では、４号車の展望車両も魅力的である。この車両は、2008（平成20）年から「ＳＬばんえつ物語」に連結されている側面展望車である。天井まで大型の曲面ガラスで構成されているため、「寝台車を改造したのか」と思われるかもしれないが、改造の種車は12系客車であり、車体のみを新製して誕生した。

この車両は、「ＳＬばんえつ物語」の乗客が自由に利用できるフリースペースであり、登場した当時は売店などが設けられていた。その後は、売店が５号車に移転したため、フリースペースが拡大している。

「ＳＬばんえつ物語」は運転区間が新津～会津若松間と比較的長い距離を走ることから、ＳＬが給水などを行なうために、途中駅で運転停車をする。停車中はホームへ降りることも可能であるから、ＳＬをバックに記念撮影する人も多くいる。また新津や会津若松では、太鼓や郷土芸能などで「ＳＬばんえつ物語」を喜んで迎えるイベントが開催されるなど、地元の人々からの歓迎を肌で感じ取れる列車である。

ＳＬ銀河

ＪＲ東日本　釜石線　花巻－釜石

ＳＬ列車とはいえ、気動車と協調運転しているのが大きな特徴だ。

「ＳＬ銀河」は、ＪＲ東日本が2014（平成26）年４月12日から釜石線で運行を開始した臨時列車である。

2011（平成23）年３月11日に東日本大震災が発生して、東北地方の太平洋側は壊滅的な打撃を受けた。そこで、東北地方を観光の面から復興支援をするだけでなく、地域の活性化を目的として、盛岡市にある岩手県営運動公園内に保存されていたＳＬのＣ58 239を動態復元させ、釜石線を走行させるプロジェクトとして始まった。

だがそれ以前にも、1989（平成元）年からＳＬ列車の「ＳＬ銀河ドリーム号」が運転されていた。釜石線は、岩手県生まれの作家である宮沢賢治の童話「銀河鉄道の夜」の舞台であり、それにちなんで路線名の愛称に「銀河ドリームライン」と名付けられたこともあることから、ＳＬ列車の列車名にも採用された。運転開始当初は、「ロマン銀河鉄道ＳＬ」という名称であったそうだ。

Ｄ51 498と12系客車を使用して、年に数日間運行されたが、釜石線の陸中大橋から足ケ瀬までの仙人峠越えは、長いトンネルが連続する難所である。貨物用の牽引機として製造されたＤ51 498であっても、単独では25‰の急勾配が連続する仙人峠の上り勾配では力不足が否めなかった。そこで２両のＤＥ10形ディーゼル機関車を、補機としてＳＬの前と客車の後ろにも連結して運転せざるを得なかった。

2012（平成24）年に岩手ディスティネーション・キャンペーンの目玉イベントとして、特別にＳＬ列車が釜石線で運行された。盛岡支社は、この運行の際に沿線で想像以上の経済効果が得られたことに加え、地域住民の笑顔や震災からの復興に取り組む姿に感銘を受

暖色系でまとめられた車内。

けたことがきっかけとなり、2012年10月に釜石線でのＳＬ列車を定期的に運行する意思を固め、2013（平成25）年11月６日にその列車名を「ＳＬ銀河」と決定した。

「ＳＬ銀河」は、中型の旅客用ＳＬであったＣ58が客車を牽引するが、特徴は客車にある。盛岡車両センターに所属するキハ141系700番代が使用されるのだが、この車両は、ＪＲ北海道が50系客車を改造して誕生させた気動車である。急勾配が連続する釜石線で運転するとなれば、Ｃ58の牽引だけでは力不足のため、気動車の動力装置を搭載したまま客車として使用した。

走行用のエンジンが搭載されていることから、キハ141 700番代の運転台には運転士が乗務し、ＳＬの機関士との無線で連絡しながらマスコンを操作して、エンジンの調整を行なう。

釜石線には仙人峠などの急勾配が連続することもあり、動力源を有する気動車を客車として牽引させたとしても、編成は最大４両編成とせざるを得ない。また、編成にフリースペースを設けていたことから、列車の定員は180名と少なくなってしまう。それゆえ指定席料金は、おとなが840円・子どもが420円と、ほかのＳＬ列車と比較すれば割高となっている。

内外装のデザインは、宮沢賢治の童話「銀河鉄道の夜」と「東北の文化・自然・風景を通してイマジネーションの旅」をコンセプトとしており、のちに「TRAIN SUITE四季島」をデザインする奥山清行氏が担当した。

協調運転のディーゼル車側の様子。

客室の内装は、宮沢賢治が生きた大正・昭和の世界観をイメージしている。照明はガス灯風のランプやステンドグラス風の飾り照明であり、岩手県は南部鉄器が地場産業であるから、荷棚には南部鉄器を採用している。

車内には、星座を意識したパーテーションで仕切りを設け、ブラインドをカーテンに変えるなど、非日常の空間を演出している。また「ＳＬ銀河」にはプラネタリウムも設けられており、車内で予約すれば10分間、星座を楽しむことが可能である。この場合の予約料などは不要。さらに途中の遠野では30分程度の停車があるため、下車して遠野を散策することができる。

遠野は、柳田国男の『遠野物語』の舞台となった町であり、市内にはレトロな洋風建築も存在する。駅のホームでは、いまとなっては懐かしい駅弁の立ち売りなどが行なわれることもあり、家族でＳＬに乗車して駅弁を食べながらの旅が楽しめる。

最新鋭の“旧型客車”でSLの旅

ＳＬ「やまぐち」号

ＪＲ西日本　山口線　新山口－津和野

小京都「津和野」の旅のイメージをより印象的にしているＳＬ列車。一見旧型客車だが、実は最新鋭である点も、レイルファンにとっては見どころ。

ＳＬ「やまぐち」号は、ＪＲ西日本が山口線の新山口～津和野間で、土休日を中心に１日１往復運行する臨時の快速列車である。

国鉄のＳＬによる定期旅客列車は、1975（昭和50）年12月14日で終了したが、それから３年８カ月後の1979（昭和54）年８月１日から運転を復活した。

運行を再開した当初は、Ｃ57が５両の12系客車を牽引していたが、運行開始から10年が経過した1988（昭和63）年の夏からは、各車が「展望車風」「欧風」「昭和風」「大正風」「明治風」というレトロ調に改造された12系客車による運行となった。

レトロ調客車はその後もマイナーな改造が行なわれていたが、種車である12系客車は、製造されてから50年近く経過するなど、車両の老朽化による故障などが相次ぐようになっていた。

そこで2017（平成29）年９月２日の運行からは、外観や内装を戦前製の旧型客車に模した35系という専用客車を５両新造して、置き換えられた。ＳＬ全盛期の雰囲気を再現するために、外観は1920～1930年代に掛けて国鉄で使用された旧一等展望車であるマイテ49形

3号車は、SLを体験しながら学ぶフリースペースが設けられている。SH

最後部の展望車は、旧マイテ49を模した車内となっている。SH

やオハ35形・オハ31形を模している。そしてＳＬの汽笛や走行音、煙を体感できるように、１号車と５号車には開放式の展望デッキが設けられ、各客車の窓は開閉式になっており、金具などはレトロ調である。さらに３号車にはフリースペースが設けられており、ＳＬを体験しながら学ぶことができる。

レトロ調で新造された35系客車は、外観や内装などはレトロ調であるものの、乗り心地を向上させるため、新型のボルスタレスの空気ばね台車が採用されただけでなく、空調も除湿機能や自動温度設定が可能な、時代に即したタイプとなっている。そしてバリアフリー対応も完備しており、温水式の洗浄機能付きトイレなどが採用され、居住性が大きく向上している。

１号車はグリーン車であり、外観だけでなく車内もマイテ49風に仕上がっている。ＳＬ列車でグリーン車が設定されるのは、ＪＲ東日本の「ＳＬばんえつ物語」につづき２件目の事例となる。車内の展望デッキに近い部分は、通路を挟んで１人掛け用と２人掛け用の回転式のリクライニングシートが横３列で配置されており、在来線の特急のグリーン車並みの水準である。それ以外の部分には、通路を挟んで２人掛けのボックスシートと４人掛けのボックスシートが配置されている。このボックスシートにはリクライニング機能はないが、大型の固定式のテーブルが備わっており、食事をしたり家族やグループでゲームをする時に便利である。

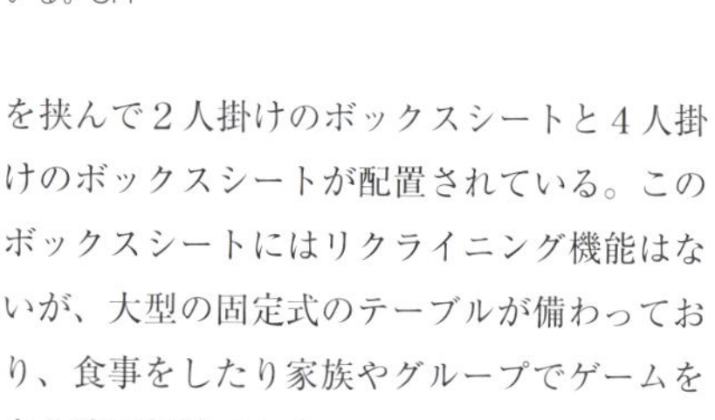

１号車以外の客車は普通車指定席となり、通路を挟んで４人掛けのボックスシートとなっている。

1979（昭和54）年の運行開始から、客車の牽引には梅小路運転区に所属のＣ57 1が使用されているが、多客期などはＣ56 160も加わって、重連で客車を牽引することもあった。

2017（平成29）年からは、Ｄ51 200が本線に復帰しており、Ｃ57 1が故障や検査などで使用できない時は、Ｄ51 200がＳＬ「やまぐち」号を牽引する。

津和野駅の構内には転車台が設けられており、ＳＬのエンド交換が実施される。その見学を終えたあとは、駅から10分ぐらい歩くと、“山陰の小京都”と呼ばれる津和野の町が堪能できる。むかしながらの造り酒屋や、白壁の外観をした旧武家屋敷、鯉が泳ぐ水路などを家族で楽しめる。

ＳＬ列車のけいざい学

大井川鐵道新金谷車両区の構内にある転車台。ＳＬを運行するために必要な施設だが、観光客にとってはＳＬ列車乗車時の見どころのひとつでもあろう。

ＪＲや民鉄を問わず、ＳＬ列車を運行する場合は普通運賃以外に「座席指定料金」「整理券」や、大井川鐵道では「急行料金」を徴収している。これはＳＬを運行するとなれば、ほかの列車と比較してコストがかかるという点とも関係している。

その要因として、以下の項目がある。

①地上設備の維持費を要する
②機関士だけでなく、機関助士が必要となる
③ＳＬや客車の修繕費が高い
④機関士の育成コストが高い

①に関しては、ＳＬを運行するのであれば、起点と終点に方向を変える転車台が必要となるだけでなく、ＳＬは蒸気で走ることから水を入れるための給水塔などが必要となる。これらの維持管理費だけでなく、転車台を動かす人員や給水を行なう人員が必要となるなど、電車や気動車を運行するよりも、人手を要してしまう。

②に関しては、ＳＬを運転するには機関士だけでは動かすことはできない。必ず石炭などを投入する機関助士も必要となる。

③に関しては、ＳＬは製造されてから70年以上も有しているため、保守がたいへんであ

1969（昭和44）年に登場した１２系客車は、国鉄時代の波動輸送に貢献したが、一部はイベント列車用に改造され、ＳＬ列車の復活にも貢献した。

京都鉄道博物館の前身は、梅小路蒸気機関車館。現代のＳＬの技術継承に大きく貢献しており、現在は修繕設備自体が見学対象になっている。

る。幸い、ハイテクノロジーを駆使した車両ではないため、部品が壊れたり損傷したとしても、社員が自分たちで造って対応したりしている。

ただし「ＳＬ人吉」で使用していた8620形は、かつてボイラーの調子が悪くなったため、完全にボイラーを新造して対応しなければならなくなり、修理費が非常に高くなってしまったというようなケースもあった。

いっぽうの客車も同様である。大井川鐵道では、いまでも旧型客車を使用しているが、維持管理がたいへんである。壊れたりすれば、社員が部品を製造して対応している。それゆえ旧型客車の使用頻度を調整するために、14系客車や12系客車を購入している。14系客車や12系客車の導入は、サービス水準の向上だけでなく、旧型客車の維持管理のコストを削減したいという大井川鐵道側の思いもあろう。

④の機関士の育成コストは、電車や気動車の運転士を養成するよりも、コストがかかる。特にＳＬの場合は特殊であるため、電気機関車やディーゼル機関車の機関士を養成するよりも、コストを要するという。

つまり、現代にＳＬに乗れることは、鉄道関係者の努力の賜物なのである。けっして利益率がよい商品というわけではないが、特に地方民鉄の場合は、過疎化の進展による通勤・通学需要の減少などもあり、それらの落込みを外部からの利用者で穴埋めしたいという事業者側の意図もあろう。そしてなにより、沿線の魅力を高めるという点でとても貢献している。ＳＬが走るということで「行ってみたい」と思わせる存在感は、観光的にもとても重要なのである。

ちなみに、ＪＲの場合、新幹線の駅を起点にしてＳＬが運行されているケースが多い。新幹線との接続を図ることで、遠方からも行きやすくなるという営業戦略のひとつでもあろう。

ONE POINT COLUMN

この列車にこのサービス

展望車

戦前の特別急行時代から、優等列車の象徴でもあった展望車。機関車に惹かれる客車ならではの眺望は、現代の復活ＳＬ列車に受け継がれている。

ＳＬ「やまぐち」号。SH

ＳＬ列車のみらいを考えよう

ＳＬが走るというと、多くの人が注目をすることになる。その注目度の高さは、鉄道を取り巻く全体で育てていきたいものだ。水郡線での復活運転の試運転の様子。2012（平成24）年11月24日。

ＳＬ列車を運行しても、利益率がよいわけではなく、反対に転車台や給水塔などのＳＬ特有の施設を維持しなければならず、維持管理費がかさんでしまう。そのうえ、製造から70年以上も経過した機関車や客車を維持するとなれば、破損した際の部品の確保など、運行する事業者の苦労は絶えないことが予想される。

今後は、少子高齢化が進むうえ、生産年齢人口の減少による「人手不足」が予想される。ＳＬの機関士や機関助士は、労働環境が過酷である。とくに機関助士は、真夏の猛暑であっても、ボイラーに石炭を投入しなければならず、想像を絶するぐらいの重労働だ。そうなると、機関助士などを確保することも課題となって顕在化するかもしれない。大幅な人件費の増額は難しいだろうし、ＳＬ列車自体の利益率も、けっしてよいとはいえないとなれば、ＳＬ列車は「文化事業」と位置付け、「ＳＬの運行に関わりたい」という人を積極的に雇用するという考え方も生まれるかもしれない。

また、従来の鉄道事業者が「営利事業」であるか、地域住民の日常生活の足を確保する「福祉事業」であるかは議論の対象のひとつであったが、これからは「文化事業」という

復活運転にもいろいろな形があるが、このように蒸気機関車＋旧型客車という、昔ながらのケースもある。車両の維持、安全性の維持など、関係者の努力で実現しており、これからも大切にしたい文化遺産であるといえる。

ONE POINT COLUMN

この列車にこのサービス

旧型客車

ＳＬ復活運転はできても客車は新しいケースが多い昨今、むかしながらの旧型客車の旅は、それだけで文化遺産的な価値がある時代になっている。乗るチャンスがあるときは、ぜひ子どもたちに、その風情を伝えていきたいものだ。

飯山線レトロ号　2004（平成16）年8月24日

ＳＬは、運転するのに２名必要で、阿吽の呼吸で操縦する。こうした技も、ＳＬが持つ価値のひとつだろう。

ＳＬを復活させ、運行を続けていくことは、必然と技術の継承につながる。ＳＬの運行が可能なのは、こうした受け継がれてきた技の結晶だ。

考え方も定着するかもしれない。「文化事業」とは、けっして利益率がよいわけではないが、会社の顔となるフラッグシップトレインであり、かつ「地域の活性化に貢献する事業である」という意識を育てていく考え方もあるだろう。さらに、転車台や給水塔の維持管理、そしてＳＬや旧型客車の修繕などに関して、資金的に苦しいとなれば、クラウドファンディングを実施して資金を募るという方法も考えられる。例えば一口1000円として、幅広い人からの支援を募る、特に100口以上の寄付をした人に対しては、ＳＬ列車の車内に名前を掲示するなどの施策もあってよい。

このほか、温泉が出る地域であれば入湯税を財源にしたり、各自治体が観光収入の一部をＳＬの運行費に対して補助するとか、多様な分野と連携するアイデアがあっていい。

いずれにしても、ＳＬ列車は沿線地域を活性化させる力があるため、今後は関係する自治体と一緒になって運営していく展開が望まれるようになると思う。

ジェットコースター好きの友人がその理由いわく、「鉄道の原点だから」と言った。

たしかにレールと車輪。しかし、子どもたちと楽しむ鉄道の原点なら、トロッコ列車が一番であろう。レールの継ぎ目がごつごつと尻に伝わる感触は、ほかの乗り物では味わえない。

風の音や匂いに感性を研ぎ澄ました子どもの頃に戻り、子どもたちとともに、列車で大自然をゆこう。

トロッコ列車

京都嵯峨野トロッコ列車

嵯峨野観光鉄道　トロッコ嵯峨－トロッコ亀岡

保津川の渓谷美を堪能できるルートだが、時としてトラス橋で豪快に渡る区間もある。YM

嵯峨野観光鉄道は、トロッコ嵯峨～トロッコ亀岡間を走るトロッコ風列車で、廃線跡を活用している。

山陰本線嵯峨～馬堀間の旧線は、景勝地である保津川に沿って走るため車窓が素晴らしかったが、複線電化の際に新線に切り替えられてしまった。そこで旧線を観光鉄道として活用する動きが起こる。当初は、運賃が並行するＪＲよりも割高になることから、年間利用者数は23万人程度と厳しい見方もされていた。そうなると、少しでも利用者を増やすには保津峡の景勝地だけでなく、沿線の魅力を高める必要がある。そこで当時の嵯峨野観光鉄道社長などが中心となり、サクラの植樹を行なうなど、観光鉄道としての環境整備に務めた。そして1991（平成３）年４月27日に、トロッコ嵯峨～トロッコ亀岡間の7.3キロが開業した。

開業初年度の利用者は、予想の３倍となる69万人超という好成績を記録した。その後も右肩上がりに利用者を増やし、開業前の予想を大きく覆した。

理由として、以下のような要因が挙げられる。

トロッコ嵯峨駅に隣接して建設された19世紀ホール。D51ほか４両の蒸気機関車が静態保存されている。

①風光明媚な山陰本線の旧線を走ること
②嵐山・嵯峨野という有名観光地が傍にある
③保津川下りと周遊が出来ること
④観光客を魅了させる沿線づくり
⑤嵯峨野観光鉄道の社員が実施するユニークな車内放送や案内などの集客に向けた努力

2002（平成14）年11月にイメージキャラクター「トロッキー」が登場するなど、「嵐山の観光といえばトロッコ列車」といわれるほど有名になった。

同社は、日本国内に留まらず海外にも積極的な営業活動を行なった結果、台湾からの人々を中心に利用者が増えた。2010年代には外国人団体客の利用も目立ち、ツアーに組み込まれることが定番化しつつある。

車窓からは、春には嵯峨野観光鉄道の社員が植えたサクラが見ごろを迎えるが、５月頃の万緑の季節も魅力的であり、盛夏は木漏れ日、秋は紅葉がみごとである。だが利用者の少ない冬場は運休となる。

観光鉄道らしく、列車が観光名所では停車したり徐行するなど、車窓を楽しめる演出がなされている。車掌さんも、観光案内を実施したり、乗務員が乗車記念として写真撮影のサービスを行なうなど、利用者を満足させる試みも高い人気を維持している。

職員が自ら線路際にサクラを植えた区間もあり、車窓の演出も“手作り”の味わい。YM

トロッコ列車は全車座席指定であり、乗車券を購入した際に座席が指定される。トロッコ嵯峨～トロッコ亀岡間の運賃は、おとな片道630円・子ども片道320円であるが、これは全区間乗車でも途中駅で下車しても同じだ。嵯峨野観光鉄道の窓口以外に、ＪＲ西日本の「みどりの窓口」でも乗車券を購入することが可能である。一般的に、春・秋の観光シーズンでも、亀岡から嵯峨方向の列車のほうが、比較的座席が取りやすい傾向にあるようだ。

トロッコ列車は、山陰本線の旧線を30km/h程度の速度で運転するため、保津川の渓谷美をじっくり見ることができる。京阪神圏にあり、中京圏、北陸圏、山陽圏でも日帰りで出かけることが可能だ。嵯峨野観光鉄道のトロッコ列車に乗車して、親世代はむかしの山陰本線にタイムトリップすることをお薦めしたい。

変化に富む演出の数々

トロッコわっしー号

わたらせ渓谷鐵道　桐生－間藤

「トロッコわっしー号」は、気動車による運行。SH

わたらせ渓谷鐵道は、旧国鉄の足尾線というローカル線を引き継いだ第三セクター鉄道であるが、沿線の渡良瀬川の渓谷美が魅力である。そこでわたらせ渓谷鐵道では、渓谷美を楽しんでもらいたく、２種類のトロッコ列車を運行している。両列車とも、窓ガラスのないオープンタイプの車両が用いられ、爽やかな風に吹かれながら渓谷の景色を楽しむことができる。ただし冬期は、防寒対策のため、窓にガラスを取り付けて運転する。

わたらせ渓谷鐵道がトロッコ風列車の運行を開始したのは1998（平成10）年10月10日からであり、機関車牽引の「トロッコわたらせ渓谷号」であった。この列車がデビュー開始から好評であったことから、2012（平成24）年４月１日には、気動車タイプの「トロッコわっしー号」がデビューした。それにより、わたらせ渓谷鐵道では現在は３往復のトロッコ列車が運転されている。トロッコ列車に乗車するには、乗車券のほかにおとな520円・子ども260円の整理券が必要となる。

わたらせ渓谷鐵道のトロッコ列車は、桐生

車内には模擬運転台も備わり、子どもたちにも好評。SH

木製ベンチが並ぶトロッコ車両の開放的な車内。SH

～間藤間で運転されているが、東京方面からのアクセスを考えた場合、浅草から東武鉄道の特急「りょうもう」を利用して相老まで向かい、そこからトロッコ列車を利用することがおすすめである。そうすることで、東武鉄道の特急「りょうもう」と、トロッコ列車の両方が楽しめる。

わたらせ渓谷鐵道の途中駅の水沼には温泉センター「せせらぎの湯」があり、トロッコ列車を利用した帰りに、立ち寄るとよいかもしれない。また神戸には、東武鉄道の旧ＤＲＣ1720系電車を活用したレストラン「清流」があり、このレストランはわたらせ渓谷鐵道が経営している。ここではマイタケ定食などが提供されており、特急「りょうもう」やトロッコ列車とは異なった車両の雰囲気が味わえる。

「トロッコわっしー号」乗車時の、筆者の失敗談を披露したい。トロッコタイプの車両と一般用の気動車を連結して、２両編成で運転されていて、一般用の車両へ乗車する場合もおとな520円・子ども260円の整理券が必要であった。予約は、わたらせ渓谷鐵道へ電話をして申し込む形を採用していたが、係員により「乗車が可能です」と案内された。

「トロッコタイプ」の車両へ乗車が可能であると思って現地へ行ってみると、実際は一般車両のロングシートであった。電話予約を受ける際、シートタイプが気になる人は、予約時に確認した方がよい。

トロッコタイプの車両も気動車であるから、空気ばね台車となっている。それゆえ他社のトロッコ列車とは異なり、乗り心地が良好であった。トロッコタイプの気動車には、車椅子対応のトイレが設けられている。ほかに売店も設けられており、弁当や飲料水だけでなく、「トロッコわっしー号」に関するグッズも販売されている。

トロッコタイプの気動車の特筆すべきサービスとして、沿線に全長5200ｍの草木トンネルがあり、ここへ入ると車内はカクテルライトにより幻想的な空間に変わることが挙げられる。

車窓からは、大間々を出ると美しい渓谷が眼前に広がり、草木トンネルを抜けて間藤へ向かう際には渡良瀬川に白大理石を見ることができる。これは、「トロッコわっしー号」の見どころとなっている。

「トロッコわっしー号」では、団体が神戸から乗車して大間々で下車すると、別の団体が大間々から乗車して相老で下車する場合がある。貸切バスでわたらせ渓谷鐵道の途中駅まで来て、短区間だけトロッコ列車に乗車していくのである。

くしろ湿原ノロッコ号

ＪＲ北海道　釧網本線　釧路－塘路

50系客車＋ディーゼル機関車の編成。片側は機関車だが、折り返す際は、反対側の制御客車で列車を操縦する。

「くしろ湿原ノロッコ号」は、1989（平成元）年６月24日から釧網本線の釧路～塘路（とうろ）間に、ＪＲ北海道が運行している臨時のトロッコ風列車である。通常は１日に１往復の運転であるが、夏場は１日に２往復する。秋には塘路から川湯温泉まで延伸され、「くしろ湿原紅葉ノロッコ号」として、釧路～川湯温泉間を１日１往復運行する。

編成は、50系客車を改造した客車５両編成であるが、１号車はオリジナルの50系客車が使用され、自由席という扱いである。２～５号車はトロッコ客車で座席指定席となっているが、トロッコ客車には窓ガラスはなく、窓も天井のほうへ向かって拡大されている。一部の座席は釧路湿原の眺望を加味して、釧路湿原のほうを向いている。

観光列車であることから、３号車にはカウンターが設けられ、乗車記念品や弁当、お土産品の販売を行なうなど売店として機能している。トロッコ客車に乗車するには、普通運賃のほかに座席指定券が必要となる。

牽引機はディーゼル機関車のＤＥ10であるが、塘路・川湯温泉寄りに連結されている。釧路へ向かう時は、機関車を付け替えるので

世界遺産にも指定された釧路湿原をゆく釧網本線を、ゆっくり走る。まるで、大自然を邪魔しないように、といわんばかりの姿である。

レールの響きが直接尻に伝わる、トロッコ客車。釧路湿原側に向けた座席配置が特徴だ。MR

はなく、同駅からは先頭車となるオクハテ510-1に備わっている運転台で列車を制御する。この方式はオートモーティブといわれ、日本では「くしろ湿原ノロッコ号」や「奥出雲おろち号」などのトロッコ列車に限られるが、欧州では広く普及している。

1999（平成11）年10月1日からは、秋の紅葉のシーズンには「くしろ湿原紅葉ノロッコ号」として、釧路～川湯温泉間で運転を開始した。

2008（平成20）年8月13日には、累計乗車人数が100万人を突破した。これは釧路湿原がラムサール条約の指定を受け、釧路湿原を訪問する人が増えたことも大きな要因である。それゆえ「くしろ湿原ノロッコ号」に乗車するために、釧路を訪問する人も多いという。そして2015（平成27）年には、運行開始から25年を迎えた。

釧網本線は釧路湿原を縦断するように線路が敷設されており、釧路川や岩保木水門を見ることができる。また、キタキツネなどの野生動物に出会うことがある。その際には、列車が減速して対応したりする。ただタンチョウヅルは、夏場は草むらで子育てすることが多く、あまり姿を見ることはないらしい。さらに観光列車であるため、見どころでは車掌による車内アナウンスが行なわれている。

“最後の清流”を身体で感じる

しまんトロッコ

ＪＲ四国　予土線　宇和島－窪川

最後の清流、四万十川に沿って走る。右へ左へと蛇行する川筋と列車の進行を重ねながら車窓を楽しむと、そのスケールを感じることができる。

予土線は、清流である四万十川に沿って走行する路線であり、北宇和島～若井間の76.3キロを結ぶローカル線である。高知県内では、四万十川の上流部に沿って走る路線であることから、「しまんとグリーンライン」の愛称が与えられている。そうなるとトロッコ列車などに揺られて旅がしたくなるということで、トロッコ列車が運行されている。

予土線におけるトロッコ列車の運行は、国鉄時代の1984（昭和59）年の夏に、木材などを輸送していた二軸の無蓋貨車であるトラ45000形を改造して運行開始したことから歴史が始まる。これが国鉄・ＪＲ・民鉄を問わず、日本で最初のトロッコ列車「清流しまんと号」であった。

国鉄が「清流しまんと号」の運行を開始した理由は、四万十川の絶景を楽しんでもらうこともあったが、予土線を少しでも活性化させたい意図もあった。「清流しまんと号」が好評であったことから、その後は日本各地でトロッコ列車が運行されることになった。

それ以来、春から秋にかけて、「清流しまんと号」「清涼しまんと」「四万十トロッコ」「しまんトロッコ」など名称を変えながらも運行が継続されているため、35年の歴史を有する。

トロッコ列車は、運行が開始して以来人気が高かったこともあり、1997（平成９）年には運転台の付いたキクハ32形も加わることになった。そして「清流しまんと51・52号」として運転し、トロッコ列車が1日２往復も設

ローカル線用のキハ32系気動車と、宇和島で仲良く顔合わせ。SH

遊園地の乗り物のようなトロッコ車両の車内。SH

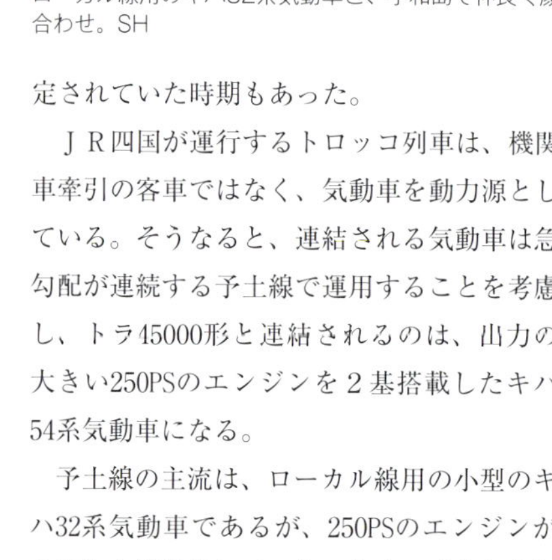

定されていた時期もあった。

ＪＲ四国が運行するトロッコ列車は、機関車牽引の客車ではなく、気動車を動力源としている。そうなると、連結される気動車は急勾配が連続する予土線で運用することを考慮し、トラ45000形と連結されるのは、出力の大きい250PSのエンジンを２基搭載したキハ54系気動車になる。

予土線の主流は、ローカル線用の小型のキハ32系気動車であるが、250PSのエンジンが１基しか搭載されていないため、車輪が空転する危険性がある。そのうえ、予土線は列車本数が少ないため、沿線の人にも利便性を担保する必要がある。その点でいえば、キハ54系気動車を使用すれば、車両も大きいことに加えエンジンも２基搭載しているため、車輪の空転も起きにくいという。

トラ45000形は、無蓋車に屋根を付けるなどをして改造したトロッコ車両であるから制御運転台が付いておらず、キハ54系気動車に牽引される形で運転される。終点に到着すれば、キハ54系気動車がトラ45000形の前に移動して、牽引する形で折り返すことになる。

トラ45000形は、2013（平成25）年10月にキハ54系気動車とともにリニューアルされた。それに伴い、自由席から座席指定車に変更となり、普通乗車券のほかにおとな530円・子ども260円の座席指定券が必要となった。そして現在は、「しまんトロッコ」の愛称で運転している。トラ45000形の座席には、薄いながらもクッションが敷かれており、わたらせ渓谷鐵道のトロッコ列車や小湊鉄道の「里山トロッコ」よりも、座り心地がやわらかい。

そんな「しまんトロッコ」であるが、宇和島～窪川間の全区間でトロッコ車両のトラ45000形に乗車できるわけではない。窪川行きは江川崎から土佐大正までだけであり、宇和島行きは十川から江川崎まで乗車が可能である。今後は変更されるかもしれないが、それ以外の区間は、連結されているキハ54系気動車へ移動する必要がある。

予土線の若井（窪川）～江川崎間は、予土線のなかでも1974（昭和49）年に開業した比較的新しい線区であることから、線路状態が良いため列車の最高運転速度も85km/hにまで向上する。だがトラ45000形は、無蓋車を改造した車両であり、台車は二軸である。このような台車では高速運転に適さないこともあり、低速で運転するためにほかの列車よりも所要時間が長くなる。

車内では、ボランティアガイドによる車窓案内が行なわれる以外に、地元の名産品などの販売が行なわれるという。蛇行する四万十川をトンネルで串刺したような形の路線であるので、進行方向の左右どちら側の座席であっても四万十川を見ることができる。とくに土佐大正～江川崎の間が、お薦めの区間である。

奥出雲おろち号

ＪＲ西日本　木次線・山陰本線　木次（出雲市）－備後落合など

宍道湖、松江、出雲大社、玉造温泉などとともに、出雲地方の重要な観光資源に成長している。

「奥出雲おろち号」は、ＪＲ西日本が木次線の活性化を図る目的で、1998（平成10）年４月25日から運転を行なっている臨時快速のトロッコ風列車である。運転期間は４月～11月までであり、金曜日・土休日を中心に、木次～備後落合間の60.8キロを１日１往復運転される。ゴールデンウィークと夏休み、紅葉シーズンなどの多客期は、平日も運転される。土曜日に出雲大社を訪問した人に、日曜日には「奥出雲おろち号」に乗車してもらいたく、2010（平成22）年からは始発のみ出雲市へ延長して運転している。

車両は、12系客車を改造した２両の客車で運転されるが、１両はトロッコ風のオープン客車である。車内は鉄骨が剥き出したような感じであるが、床や座席には不燃化木材が使用され、一部の座席は眺望も考慮して外側向きに設置されている。またトロッコ風の客車の内装とマッチさせるため、照明も山小屋などのランプを意識しており、この車両は後部の出入口は撤去されている。「奥出雲おろち号」に乗車するには、乗車券のほかに座席指定券が必要である。

出雲市発の備後落合行きの「奥出雲おろち

神社を模した駅舎が堂々とした木次線の出雲横田。1934（昭和9）年開業以来、佇んでいる。

沿線で季節の風物を見つける楽しさもある。

木次線は、山陰地方随一の変化に富んだ路線だ。スイッチバックやループ線をトロッコ列車で走ると、その険しさを身体で感じることができる。

号」は、山陰本線と木次線が分岐する宍道（しんじ）で進行方向が変わる。木次線の出雲坂根周辺は、木次線の見せ場である三段スイッチバックになっている。そうなると機関車の反対側を制御客車にしていれば、機関車の交換などを実施しなくても、円滑に進行方向を変えることができる。そこで、客車の正面の貫通路を塞ぐと同時に片側の車掌室が運転室に改造され、客車の前面には前照灯とスカート、スノープラウ、ワイパーを設置して、運転を可能とした。

残りの1両は、かつて山陰本線の急行「だいせん」などで使用された客車であるので車内は冷暖房完備で、座席はリクライニングシートになっている。

「奥出雲おろち号」では車内販売は実施されないが、途中の亀嵩（かめだけ）では「そば弁当」、八川では奥出雲そばにマイタケが添えられた「トロッコ弁当」などが販売されている。また前日までに予約すれば、「奥出雲おろち号」のオリジナル弁当が木次などで手渡される。

木次線のほかの観光資源や名所として、亀嵩は松本清張の小説『砂の器』の舞台となった土地であり、駅舎内には「扇屋」というそば屋が営業している。出雲横田の駅舎は社殿造りで風格があり、撮影する価値がある。また出雲横田付近は出雲そろばんの産地としても有名で、駅の近くに「雲州そろばん伝統産業会館」がある。出雲坂根は三段スイッチバックと「延命水」で有名であり、「奥出雲おろち号」の乗客は5分程度の停車時間に「延命水」を口にすることができる。

出雲坂根の三段スイッチバックは、いままでは「時代遅れの非近代的な設備」と考えられてきた。「奥出雲おろち号」は、ゆっくりと景色を楽しみながら旅行したい人向けの列車であるから、スピードアップの必要性がない。スイッチバックなどの設備は、勾配を緩和するために考案された施設でありながら、いまでは産業観光としての資源といえる。

1998（平成10）年の運転開始以来、「奥出雲おろち号」の人気が高い。島根県外からの利用者が多く、島根県を代表する観光資源として成長している。

大自然と風を体感する特別車両

びゅうコースター「風っこ」

ＪＲ東日本　陸羽東線、只見線　ＪＲ北海道　宗谷本線　ほか

トロッコのワイルドな乗り心地を楽しめるディーゼルカーという珍しい列車で、種車はキハ48形気動車だ。最近では北海道の宗谷本線でも走った。

“びゅうコースター「風っこ」”は、ＪＲ東日本が2000（平成12）年から保有しているトロッコ型の鉄道車両である。

ＪＲ東日本仙台支社の管内では貨車を改造したトロッコ型車両を保有していたが、老朽化の問題だけでなく機関車牽引となるため、運転時の入換え作業や保安要員の配置など、運行コストが高くなるという問題を抱えていた。

車両を更新するのであれば、気動車が望ましいということになった。気動車だと、牽引する機関車が不要であるだけでなく、運転する線区や運転速度も高めに設定できるなど、運行の自由度も高くなる。そこでキハ48 547と1541を種車として、2000（平成12）年に登場したのが、“びゅうコースター「風っこ」”である。

改造は新潟鐵工が担当したが、直噴型で350PSの大出力エンジンであるDMF14HZへ換装されたものの、最高速度は95km/hのまま据え置かれている。

車体の特徴としては、外観は種車の面影を

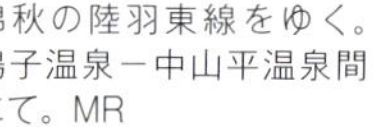
錦秋の陸羽東線をゆく。鳴子温泉－中山平温泉間にて。MR

陸羽東線のほか、「風っこ　会津只見号」として只見線でも活躍。MR

残しているが、側面を大きく開口させている。これにより外気を存分に感じることができるようになった。トロッコ列車は冬季になれば運休する列車が多いが、“びゅうコースター「風っこ」”は開口部にガラス戸をはめ込んだり、取り付けられたストーブを焚いて車内の暖房を行なうことで、冬季も運行できるようにしている。また窓の下部には固定式のガラス戸を設置し、下方の開放感を高めている。

車内には、難燃加工した木材を使用した座席が設けられており、各ボックスにはテーブルが設置された。天井は、ほかのトロッコ列車と同様に、あえて骨組みを剥き出しにし、白熱灯を用いてレトロで暖かみのある雰囲気を創り出している。その結果、車内に設けられていた冷房装置は、撤去されている。

トロッコ列車は、木材などを運んでいた無蓋の貨車を改造して誕生した車両が多いこともあり、乗り心地は実にワイルドだ。“びゅうコースター「風っこ」”の種車となったキハ48形気動車は、寒冷地向けに製造されたタイプである。このタイプの車両は、冬場に雪が付着したり、コイルバネが凍って乗り心地が低下することを防ぐため、新製時から空気バネ台車となっており、乗り心地が優れている。

登場後は、陸羽東線や只見線などの各路線で臨時列車として使用し、仙台支社管内だけでなく、ほかの支社管内でも使用されていた。陸羽東線の鳴子付近は紅葉の名所であるから、その季節の乗車がお薦めである。只見線の場合は秋がお薦めであるが、大自然のなかを走行するため、夏場の自然の風を感じながらの旅も、お薦めである。

“びゅうコースター「風っこ」”の話題として、2019（令和元）年７月から９月にかけて、ＪＲ北海道に貸し出されて宗谷本線で運転されたことが挙げられる。運転区間は、稚内～音威子府間と旭川～音威子府間である。

これは、ＪＲ北海道とＪＲ東日本だけでなく、ＪＲ貨物も加わって運行が実現した。北海道胆振東部地震の復興と応援に加え、観光振興と地域活性化が目的である。運行するにあたり、“びゅうコースター「風っこ」”の２両編成に加えて、ＪＲ北海道が所有する「北海道の恵み」シリーズの車両が増結された。

好きな食べ物はなに？
子どもたちに、そうよく訊いたものだった。本当にそれを知りたいというよりも、そういう会話を交わすこと自体を楽しみたかったというのも、本心だった。

「列車にも、好きなものがあるんだよ」

そういいながら、この線しか走っていない列車に乗る。

“昔”が好きな列車、“おもちゃ”が好きな列車…好きなことを話す楽しさは、いつの時代でも同じだ。

ユニークな気動車列車

国鉄型車両にフォーカスをあてた

急行「そと房」「夷隅」

いすみ鉄道　大原－大多喜

「国鉄時代」の復元に徹して運行されている「急行列車」。こういった懐かしさも、ここでは観光資源で、レイルファンの熱い注目を集めている。

いすみ鉄道は、2018（平成30）年に退任した鳥塚亮社長（現・えちごトキめき鉄道社長）の時代に活性化に向けた数々の施策が打ち出されたが、そのうちのひとつが、観光急行の運転である。

いすみ鉄道の前身は国鉄木原線であるが、その時代はもちろんのこと、第三セクター鉄道のいすみ鉄道として新たに開業したのちも、各駅停車のローカル列車しか運転されていなかった。

いすみ鉄道は慢性的な赤字路線となり、会社の経営を立て直すために民間から社長を公募することになった。そして、平和交通というタクシー事業者の吉田平氏が社長に就任。吉田社長時代には、今日もつづく「い鉄揚げ」という煎餅やネーミングライツを採用するなど、いすみ鉄道活性化の基礎を確立された。

吉田社長は、千葉県知事選挙に出馬することになったため、就任から９カ月で辞任し、再度、社長の公募が行なわれた。そして鳥塚亮氏が２代目の公募社長に就任すると、吉田社長の取組みが、さらに加速した。

鳥塚社長時代のいすみ鉄道は、「日本の原風景がある」と称して「ムーミン谷」などと名付けて沿線のPRを行なっていたが、それに磨きを加えたく、観光急行の運転を開始することになった。

観光急行は、2011（平成23）年４月29日から、キハ52系気動車の単行で運転を開始するが、この車両は、当時ＪＲ西日本の富山地域鉄道部の富山運転センター車両管理室に所属していた車両であった。キハ52系気動車は、180PSのエンジンを２基搭載しているため、急勾配のある大糸線の非電化区間で運用されていた。2010（平成22）年に廃車となり、いすみ200型の置換えおよび観光用を目的に、ＪＲ西日本から譲渡された。

観光急行を運行するにあたり、急行料金だけでなく、座席指定料金も設定した。そして車体色を国鉄急行型気動車の標準色であるクリーム４号＋朱色４号に塗り替えて、運行を開始した。

キハ52系気動車は一般用として製造されたため、新製時は非冷房として誕生しているが、ＪＲ西日本時代に冷房化改造がなされていた。そして車内には、国鉄時代の広告などが掲示され、車内放送時には『アルプスの牧場』のオルゴールが流れるなど、気分は昭和40年代の国鉄の急行気動車の雰囲気を漂わせていた。また車内検札時には、硬券に挟みを入れるなど、むかし懐かしい国鉄の気動車急行の旅を再現している。

キハ52系気動車を用いた観光急行が好評であったことや、千葉県いすみ市は伊勢海老の産地でもあることから、団体需要などを取り込むと同時にグルメ列車としても使用しようと、新たにキハ28系気動車を導入することを決めた。

いすみ鉄道が導入したキハ28系気動車は、ＪＲ西日本富山地域鉄道部富山運転センター車両管理室（当時）に所属し、2011（平成23）年３月11日まではキハ58系気動車とのコンビで最後の定期運用をされていた４両のうち、保留車となっていた車両である。いすみ鉄道へ移管されると、国鉄急行色に塗装変更

「夷隅」のヘッドマークを掲示する急行。原則として土曜が「夷隅」、日曜が「そと房」となっているが、暦や天候によってランダムに変わることがある。MR

され、2013（平成25）年３月９日からはキハ52系気動車と併結して営業運転を開始した。

ただキハ52系気動車は、2014（平成26）年３月からは、経費を削減するため車体をタラコ色といわれる朱色５号に変更して運用されている。キハ52系気動車やキハ28系気動車が現役で稼働しているのは、全国でもいすみ鉄道だけであり、いまとなれば国鉄時代の香りがする車両に乗車できる数少ない鉄道会社である。

だが古い車両であるため、維持管理がたいへんであるだけでなく、営業で使用するには定期検査を受けなければならない。2020（令和２）年が定期検査の時期となっている。そこで、いすみ鉄道元社長の鳥塚亮氏が理事長を務めるNPO法人「おいしいローカル線をつくる会」が、2019（平成31）年元日からクラウドファンディングを実施し、資金を募ることにした。その結果、約１週間で目標とする資金が調達されたという。

リニューアルで大幅グレードアップ

丹後あかまつ号 丹後あおまつ号

京都丹後鉄道 西舞鶴－宮津－天橋立・福知山、福知山－天橋立

丹後あかまつ号。天橋立の松をモチーフとした車両だ。

丹後あおまつ号。カラーリングは日本海の白砂青松がモチーフ。

「丹後あかまつ号」「丹後あおまつ号」は、2013（平成25）年春に既存の車両をリニューアルして誕生した観光列車である。京都丹後鉄道の沿線は白砂青松の海が広がっており、列車名に「丹後あかまつ号」「丹後あおまつ号」と命名された。

両列車に共通する特徴として、レトロモダンな外観と木をふんだんに使ったぬくもりあふれる車内空間に仕上がっていることである。専属クルーが乗車し、旅の案内や飲み物などの販売を実施している。

「丹後あかまつ号」は、日本三景のひとつである天橋立の白砂青松を象徴する「松」がテーマの観光列車であり、天橋立～西舞鶴間を結んでいる。

「丹後あかまつ号」が運転されるルートは、京都丹後鉄道でも絶景を誇っており、奈具（なぐ）海岸や由良川橋梁を走行し、天橋立も車窓から見ることができるなど、贅沢に海の絶景が楽しめる。奈具海岸では、乗客が車窓を撮影するために運転停車し、由良川鉄橋では徐行運転を行なう。

「丹後あかまつ号」に乗車すると、客室乗務員からお手拭きと記念のパンフレットがもらえる。SH

写真撮影のために運転停車してくれる丹後由良－栗田間の奈具海岸。SH

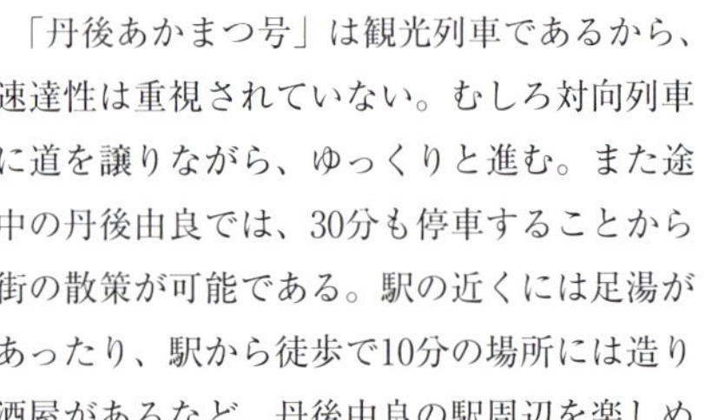

川幅が広く、通行自体に迫力がある由良川橋梁。橋上では徐行運転を行ない、乗客にサービス。

「丹後あかまつ号」は観光列車であるから、速達性は重視されていない。むしろ対向列車に道を譲りながら、ゆっくりと進む。また途中の丹後由良では、30分も停車することから街の散策が可能である。駅の近くには足湯があったり、駅から徒歩で10分の場所には造り酒屋があるなど、丹後由良の駅周辺を楽しめる。京都丹後鉄道は「丹後あかまつ号」を運行すると同時に、沿線地域の活性化を模索しており、このような駅での長時間停車が全国に広がることが望まれる。

車内は、ぬくもりとやすらぎを提供するため、木目調のインテリアとなっている。座席はソファ席だけでなく、海側を向いたカウンター席など、さまざまなタイプが用意されており、車窓からゆったりと景観を楽しむことが可能である。

運賃と550円の乗車整理券で乗車でき、インターネットから簡単に予約することもできる。乗車整理券が必要となるのは、「丹後あかまつ号」ではキャビンアテンダントが２名乗務するうえ、立ち席乗車を認めないことが影響する。その代わりに、「丹後あかまつ号」に乗車すれば乗車証明書とお手拭きがキャビンアテンダントから手渡される。火曜と水曜以外は運転されるため、週末などに家族連れで手軽に楽しめる観光列車といえる。

「丹後あおまつ号」は、全席が自由席であることから、普通運賃のみで気軽に利用できる観光列車である。ゆったりと景観を楽しめるように、ソファ席、カウンター席など、さまざまなタイプの座席があるが、「丹後あおまつ号」は通勤・通学にも使用するため、立ち席の乗車も認めている。観光列車らしく、ショーケースやサービスカウンターなどがある。そしてアテンダントによる沿線案内や車内販売も実施されているが、「丹後あかまつ号」が２名乗務するのに対し、「丹後あおまつ号」は１名しか乗務しない。

「丹後あおまつ号」の魅力は、普通運賃だけで乗車できるうえ、毎日運転されるので、本当の意味で気軽に乗れるところだろう。

これらの列車を核にして自社の利用者増と沿線の活性化を図っているといえる。

誰もが親しんだ“おもちゃ”がテーマ

鳥海おもちゃ列車「なかよしこよし」

由利高原鉄道　羽後本荘－矢島

沿線の観光施設への誘致を図るとともに、鉄道の旅への憧れを演出している「なかよしこよし」。同線の目玉列車だ。UK

第三セクター鉄道の由利高原鉄道は、非常に堅実な経営を行なっている会社として有名である。前身が羽後本庄～矢島間を結ぶ国鉄矢島線であったこともあり、厳しい経営が予想されていた。会社発足時には、軽快気動車を導入すると同時に、運賃の値上げを実施するなどをしてきたが、会社の経営を改善するために民間から社長を公募することになり、2011（平成23）年6月から春田啓郎氏が社長に就任した。

春田社長が就任すると、女性に鉄道を利用してもらおうと、駅のトイレのクリーン化を行なった。そして車両は大事な商売道具ということで、沿線自治体の補助を受けながら、新車両を導入している。

同線の特徴といえば、たとえ1列車に2～3名しか利用者がいなくても、極力60分間隔の等間隔ダイヤを維持し、利用しやすい環境を提供することに努めているところだろう。この姿勢を、大手民鉄である近畿日本鉄道も見習うようになった。吉野線の冬場の昼間などは1編成4両の電車に乗客が4～5名程度しかいなくても、吉野～下市口間は30分間隔の等間隔ダイヤを維持させている。

車内で、実際におもちゃで遊べるようになっている。UK

木材がふんだんに使われた車内。UK

車内に入ると、アーチがお出迎え。おとぎの国のような、別世界に行くような演出だ。UK

また、無理をして信号の自動化を進めたり、自動改札などを導入するのではなく、「タブレット閉塞」と「硬券きっぷ」を温存させている点はレイルファンにとっては興味深い。「タブレット閉塞」と「硬券きっぷ」は、いまでは見かけなくなった光景でもあり、由利高原鉄道へ行けば、両方を見ることが可能である。

そんな由利高原鉄道ではあるが、秋田県は日本一人口の減少が進んでいる県でもあり、会社が存続するには外部から観光客を誘致することが不可欠であった。沿線には出羽富士ともよばれる鳥海山がそびえており、バス事業の許可を取得して矢島と鳥海山を結ぶバスを運行するなど行なってきたが、2018（平成30）年からは鉄道での「なかよしこよし」の運行を開始した。

「なかよしこよし」は、18年走り続けた車両の延命化も兼ね、車内には木材を多用している。途中駅の鮎川にある「鳥海山木のおもちゃ美術館」へ観光客を誘うだけでなく、子どもたちに夢を与え、鉄道の旅に憧れを抱くようなデザインの列車とした。

座席数は、４人掛けボックス席×４、サロン席×１、パノラマ席×６、ロングソファー席×１、ショートソファー席×１で、合計で約30席が備わっている

デザインは、福岡市にある「オフィスフィールドノート」の砂田光紀代表が担当した。砂田代表は、「鳥海木のおもちゃ美術館」や「東京おもちゃ美術館」（新宿区）の総合デザイン、山口県長門市の「長門おもちゃ美術館」で運航する「おもちゃ船」の改修なども手がけている。

「なかよしこよし」の誕生は、子どもたちに鳥海山麓の絶景を楽しむ以外に、木のおもちゃの世界を楽しむ、楽しい旅を提供したといえる。

新幹線0系にソックリ。遊び心満載

鉄道ホビートレイン

ＪＲ四国　予土線　宇和島－窪川

新幹線０系にそっくりな「鉄道ホビートレイン」。レイルファンの遊び心をくすぐる愛らしい姿だ。

予土線の概要に関しては、80ページでも述べたように、経営に関しては厳しいものがあり、国鉄時代からトロッコ列車を運行するなどの活性化が模索されてきた。この流れは、ＪＲ四国が発足してからも継承されているだけでなく、さらに磨きが加わっている。

ところで2014（平成26）年に予土線は、全線開通40周年および宇和島～近永(ちかなが)間が開通100周年を迎えた。宇和島～近永間は、簡易線規格で開業したため、線路規格が低い。とくに北宇和島～務田間は、急カーブと急勾配が介在しており、列車は30㎞/h程度しか速度が出せなかったりする。予土線は、輸送密度が低い線区であるから、国鉄末期に投入されたローカル線用のキハ32系気動車が、単行で用いられている。昨今では、過疎化に加えて少子化も進んでおり、予土線を観光路線化する方向へ進んでいる。

そこで予土線の活性化も兼ね、キハ32系気動車の外観を０系新幹線電車をイメージさせるスタイルに改造を行ない、「鉄道ホビートレイン」として2014年３月15日から運行開始している。

「鉄道ホビートレイン」の外観は、宇和島

０系をイメージする青系の車内。鉄道模型も展示されている。SH

一部の座席は、０系新幹線で実際に使用されていたものだ。SH

から窪川へ向かう場合の先頭車は０系新幹線電車のボンネットを模したスタイルで非貫通型だが、反対側の先頭車は多客期に増結することを考慮した貫通型となっており、可能な限り０系新幹線電車の雰囲気を出そうとしている。

キハ32系気動車を改造したため、車内はロングシートが大部分ではあるが、床やモケットなどには青系が採用されている。そして一部の座席は、０系新幹線電車の初期の頃に使用されていた転換クロスシートの座席が使用されている。ただし座席は固定されており、終点に到着しても向きを変えることはできない。モケットも、シルバーグレーと青色のままであるから、時代があたかも40年以上逆戻りをして、実際に０系新幹線電車で旅をしているような気分に浸れる。

「鉄道ホビートレイン」の車内には、戦前に一等展望車などを連ねて東海道本線や山陽本線を走行した特急「富士」や、近年の「サンライズ瀬戸・出雲」、「伊予灘ものがたり」、国鉄時代に活躍したキハ181系気動車やキハ58系気動車などの模型が展示されている。また郵便ポストが設けられており、列車が宇和島へ到着すると投函された手紙類を回収している。このポストは、郵便局と提携して車内に設置されたという。

「鉄道ホビートレイン」は１日に２往復しているが、宇和島発6:04の4810Dは終点の窪川に8:09の到着となるが、この列車は朝の通

車内に郵便ポストも。実際に手紙やはがきが投函できる。SH

勤・通学用であるため、観光客にとっては使いづらい時間帯である。また窪川18:43発の4831Dは、終点の宇和島の到着が20:47となるため、冬場であれば日が完全に暮れてしまうので四万十川（しまんと）の清流を見ることができない。

四万十川を眺めながら旅をしたいのであれば、窪川9:40発の4819Dか、宇和島15:35発の4822Dをおすすめしたい。これ以外に土休日は、宇和島13:10発の近永行きの4820Dと近永始発の宇和島行き4821Dが運転される。ちなみに、予土線の列車にはトイレが無く、ほぼ全車がロングシートもあるため、乗り通すにはそれなりの準備が必要かもしれない。その場合、松丸には無料の足湯のコーナーが設けられており、ここで途中下車してひと休みしてから、つぎの列車への乗車する方法も一興である。

窪川9:40発の「鉄道ホビートレイン」は、このあとに紹介する「海洋堂ホビートレイン」と江川崎ですれ違う。予土線のスターどうしのすれ違いは、ある種の感動を覚える。

海洋堂ホビートレイン

ＪＲ四国　予土線　宇和島－窪川

フィギュアがテーマになった珍しい鉄道車両。「しまんトロッコ」「鉄道ホビートレイン」とともに、“予土線の三兄弟”として親しまれている。

予土線では、利用促進を図るために「観光鉄道」の要素を加える必要があることから、「ホビートレイン」が登場した。これは、2011（平成23）年７月からの海洋堂ホビー館「四万十（しまんと）」の開業に合わせて、海洋堂のフィギュアを展示する「海洋堂ホビートレイン」で、１年ほどの予定で運行を開始した。

登場以来、「海洋堂ホビートレイン」の人気は高く、2013（平成25）年７月にはSFをコンセプトとした二代目のデザインに列車がリニューアルされ、運行は継続された。

そして2016（平成28）年には、沿線地域で「2016奥四万十博」と「えひめいやしの南予博2016」が開催された。これらの開催に合わせ、「海洋堂ホビートレイン」の三代目は四万十川に住む「かっぱの世界」をコンセプトとしたデザインとなった。車内には、かっぱのフィギュアやジオラマが置かれているため、独特のムードが醸し出されている。列車の愛称も「海洋堂ホビートレイン『かっぱうようよ』」となり、同年７月から運転されている。

川風に乗って進行。

車内にはフィギュアが陳列されている。SH

車体同様、緑と赤の塗り分けが目を引く車内。

車内にはかっぱが！

キハ32系気動車を改造して誕生した。SH

「海洋堂ホビートレイン」は、「鉄道ホビートレイン」のように車両の外観は大きく変化していないが、塗装は変わっている。キハ32系気動車を改造したことから車内はロングシートのままではあるが、「鉄道ホビートレイン」が青系のモケットや床となっているのに対し、「海洋堂ホビートレイン」は、赤と緑系統の床やモケットとなり、カーテンは横引き式の物が使用されている。

「鉄道ホビートレイン」と同様に、「海洋堂ホビートレイン」も車内にショーケースを設けていることから座席数が少なくなる。宇和島周辺になれば、地元の乗客に観光客が加わるため、車内には立ち客が生じることもある。

“個性”という大人じみた言葉の意味を本当に知ったのは、いつの頃だっただろうか。

思い返すに、小学生ではない。中学生でもないと思う。高校の頃は知っていて、自覚したはずだが、実は“そのつもり”にすぎなかったと、大人になって気づくのである。

列車にも個性がある。車体の個性、走る沿線の個性、そして、その調和。個性というほど難しいものは無いかもしれないが、子どもたちに教えるには、鉄道が格好だという気がする。

進化する個性派列車

SLにそっくりな列車

坊っちゃん列車

伊予鉄道　道後温泉－松山市・古町

夏目漱石の小説『坊っちゃん』に記述される「マッチ箱のような汽車」が通称「坊っちゃん列車」。これをモチーフに復活した。蒸気機関車に見えるが、実際はディーゼル車で、町中の併用区間を走る姿は、愛らしい。

「坊っちゃん列車」は、2001（平成13）年より伊予鉄道の松山市内の軌道で復元運行されているが、本来は軽便鉄道時代の伊予鉄道に在籍したＳＬや、そのＳＬが牽引していた列車のことである。夏目漱石の小説『坊っちゃん』のなかでは、「マッチ箱のような汽車」として登場している。主人公の坊っちゃんが松山の中学校（旧制）に赴任する際に、これに乗ったことから「坊っちゃん列車」と呼ばれるようになった。

「坊っちゃん列車」は、松山の観光のシンボルとして運行しているが、「坊っちゃん列車」を復活させる際、一番の難点がＳＬのばい煙であった。現在の伊予鉄道の市内電車（軌道）は市街地の大通りを走っているため、「観光振興」とはいえ、ＳＬのばい煙は社会的に受け入れがたい面もあった。

むかしから「坊っちゃん列車」を、ＳＬとして本格的な復活を望む意見と、現代風にアレンジした列車とすべきという意見があり、

側面から見ると、明治時代のマッチ箱客車を彷彿。

道後温泉の入り口。駅前から商店街を抜けると道後温泉会館だ。写真提供：一般社団法人愛媛県観光物産協会

話がまとまらなかった。

最終的には、外観はオリジナルを継承するが、動力源はディーゼル方式を採用することとし、2001（平成13）年に伊予鉄道は「坊っちゃん列車」の復元を発表した。「坊っちゃん列車」の運行を再現するのであれば、やはり汽笛が鳴らなければ味気なくなってしまう。そこで、汽笛は、伊予鉄道OBの協力を得て復元された。制服や客車も、当時のものを復元するなど、可能な限り軽便鉄道時代の伊予鉄道に近づけた。

そのほか、ディーゼル機関で動くＳＬとはいえ、ドラフト音と汽笛と煙突からの煙が不可欠となる。ドラフト音に関しては、車外スピーカーで鳴らすようにした。そして、煙突からの煙については、水蒸気を使用したダミーの煙を出す発煙装置を採用するなど、機関車は「坊っちゃん列車」の面影を留めながら、現在の事情に見合うようにくふうされている。

ところでＳＬの運行には転車台が不可欠となるが、松山市内に新たに転車台を設けることは土地買収などの点からも含め不可能である。そこで終点に到着した際のエンド交換は、機関車をジャッキアップさせ、人力で回転させて行なっている。

また、客車は、分岐点ではポイントの転換が必要となる。路面電車であればパンタグラフなどの集電装置があるため、これでポイント操作を行なうトロリーコンタクターの作動を行なえばよい。だが「坊っちゃん列車」は、機関車がディーゼルエンジンのため集電装置がなく、その操作を行なえない。そこで客車の屋根には、トロリーコンタクターを作動させるために、ダミーのビューゲルが取り付けられている。

「坊っちゃん列車」は、道後温泉を中心に松山市駅とＪＲ松山駅前を経由して古町間に運転されている。乗車するには、乗車券のほかにおとな800円・子ども400円の整理券が必要となる。整理券の価格が割高であるため、「坊っちゃん列車」の整理券を購入した乗客は、「いよてつ高島屋」の９階にある大観覧車「くるりん」に無料で乗車が可能となる。この観覧車に乗れば、松山市内が一望できるだけでなく、瀬戸内の島々なども一望することができる。

「坊っちゃん列車」は、松山市内の軌道線を低床式の路面電車と一緒に走行していている。近代的な路面電車とレトロな「坊っちゃん列車」という組合せは少々違和感があるが、現在では松山の名物になった感もある。そして、客車が当時の姿を忠実に再現されたため、空調システムは皆無であるものの、夏場であれば窓を全開にしてＳＬを模したドラフト音や汽笛を聞きながらの小旅行も悪くはない。

里山が見直されている現代だからこそ

房総里山トロッコ

小湊鉄道　上総牛久－養老渓谷

小湊鉄道で実際に走っていた蒸気機関車を模した機関車が、開放感たっぷりの客車を牽引。房総半島の里山の風景を五感で感じることができる。

小湊鉄道は、五井～上総中野間の39.1キロを結ぶ単線非電化の地方民鉄である。むかしながらの古い駅舎が存続することから、映画やテレビコマーシャルのロケーションに活用されたりしている。木製の改札口などは、いまとなっては珍しく、味わいがある。

最近の話題としては、2015（平成27）年11月から運行を開始した「房総里山トロッコ」がある。牽引する機関車の外観はＳＬであるが、ディーゼルエンジンで駆動する。機関車は北陸重機工業の製造で、外観はかつて小湊鉄道で活躍したコッペル製のＳＬをイメージしている。

牽引される４両の客車は、機関車寄りからハフ101・ハテ101・ハテ102・クハ101となっている。「テ」は展望車を意味しており、この車両の展望室にはガラスが設けられていないため、自然の風を感じながら旅ができる。

ハフ101には車掌室が設けられており、車内放送を行なう際はアルプスの牧場のオルゴールが流れるため、国鉄・ＪＲの気動車で旅行している気分に浸れる。ハフ101とクハ101には窓ガラスが備わっているため、車内には家庭用のエアコンが設置されており、冷暖房

展望車は天井もガラス貼りという開放感。

外観は蒸気機関車だが、実際はディーゼル機関車。

完備といえる。

また「房総里山トロッコ」では、ＪＲでは数少なくなった車内販売が実施されており、飲料水などだけでなく、「房総里山トロッコ」に関するグッズが販売されている。

「房総里山トロッコ」の運転区間は上総牛久～養老渓谷間である。これは五井～上総牛久間は定期列車の列車頻度が高く、加減速性能の劣る機関車牽引の「房総里山トロッコ」では、定期列車のダイヤを痛めてしまう危険性があることも考慮している。

機関車はＳＬの外観をしたディーゼル機関車ではあるが、トンネルに入る際は汽笛を鳴らせるだけでなく、煙突からは煙を吐くことも可能である。煙は、自然環境にも配慮した薬品を使用して製造しており、蒸気も出すことができるなど、ＳＬが牽引している列車のような気分に浸れる。やはり「汽笛」「煙」「蒸気」がなければ、ＳＬ列車の旅とはいいづらくなる。

途中の里見では、地元の人たちがホームに出てきて、おでんや日本酒などを販売するなど「房総里山トロッコ」の乗客を歓迎してくれる。また里見まで観光バスで来て、里見～養老渓谷間で「房総里山トロッコ」を利用する団体もある。事実、旅行会社のツアーコースに「房総里山トロッコ」が組み入れられている。

養老渓谷に架かる橋梁を通過する時は、写真撮影者に配慮して、大幅に減速して通過す

木製ベンチ風の座席によるゴツゴツした乗り心地はトロッコならでは。

るサービスが実施される。そして終点の養老渓谷に到着すると、駅には転車台が設けられていないため、上総牛久へ向けて折り返す場合は制御客車のクハ101が先頭となり、最後部の機関車を制御して運転する。

「房総里山トロッコ」に乗車するには、乗車券のほかにトロッコ整理券が必要である。整理券は、おとなも子どもも同額の500円である。五井からローカル列車を乗り継いで「房総里山トロッコ」を利用するとなると、五井から養老渓谷までの普通運賃はおとなが1280円と割高になる。この場合、小湊鉄道が販売する「１日フリー乗車券」を購入すれば、おとなが1840円で五井～養老渓谷間を往復することが可能となる。

「房総里山トロッコ」は平日は２往復の運転だが、土休日になれば３往復運転されるため、家族連れで利用するには便利になる。小湊鉄道の起点である五井は、東京から電車で１時間弱で行ける場所であるので、週末に家族が気軽に利用できる列車といえる。

斬新な発想とアイデア

Laview（ラビュー）

西武鉄道　池袋－西武秩父

鉄道車両とは思えない斬新なデザインと全身銀色の車体。その未来的な姿は西武鉄道のこれからの特急列車像を予感させる。

西武鉄道では、1969年（昭和44年）10月14日に、西武秩父線が開通したことに伴い、5000系電車を導入して、池袋～西武秩父間で有料特急の運転を開始した。5000系電車は、全車冷暖房完備で、複層ガラスの固定窓が採用された高アコモデーションの車両であり、当時の生活水準を超えていた。“レッドアロー”の愛称が付けられ、翌年には「鉄道友の会」から「ブルーリボン賞」を受賞するほど人気が高かった。その後は、座席をリクライニングシートに交換したが、新造から25年近く経過すると、車内の陳腐化が顕著になった。

そこで1993年（平成５年）12月６日からは、10000系“ニューレッドアロー”を投入して、更なるサービスの向上を目指すことになった。10000系“ニューレッドアロー”は、5000系“レッドアロー”よりも座席のシートピッチが拡大されるなど、居住性の改善は見られた。

10000系電車がデビューした1993年は、まだVVVF制御の黎明期であったこともあり、信

多目的トイレもバリアフリーだ。

女性客にも利用しやすいよう、パウダールームを設置。

窓が足元まで広がっているのが分かる。SH

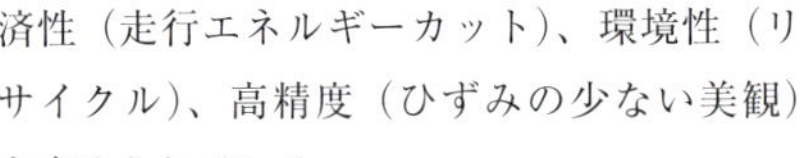

急病人が発生した時に備え、デッキにはAEDが備わる。SH

頼性を加味して安定していた抵抗制御方式が採用されただけでなく、電装品なども西武の101系電車からの発生品を再利用するなど、コスト削減も行なわれた車両であった。

その一方で他社の特急電車が、VVVF制御主流になって来ると、10000系電車は走行音が煩かったこともあり、次の世代の車両が待たれていた。そこで10000系電車がデビューして25年を迎えるにあたり、新車へ置き換えることになった。それがLaviewである。

その特徴のひとつは、アルミダブルスキン構体だ。シングルスキン構体（ステンレス・アルミ）に比べ構造体としての圧縮強度が高く、車端荷重負荷時の破壊強度に優れている。また軽いにもかかわらず、〝変形がはるかに少ない〟というメリットがある。これにより、〝安全性〟のほか快適性（車内の静音化）、経済性（走行エネルギーカット）、環境性（リサイクル）、高精度（ひずみの少ない美観）を高められている。

非常に大きな窓と銀色の車体ボディー、前面に丸みを帯びた三次元の曲面ガラスが採用された先頭車だけでもインパクトがあるが、バリアフリーやAEDの設置、Free-Wi-Fiに対応、さらに女性向けに５号車にはパウダールームが設けられている。また、実際にシートに座ると、窓が上下方向に拡大されており、そのため車内は非常に明るく、開放的な気分になれる。特に窓の下端が、座席の肘掛けよりも下に位置するため、戸外に居るような気分になれる。

快適になった新型特急「Laview」に乗車して、週末に家族で出掛ける秩父が、従来よりも楽しく、快適になったといえるだろう。

ズームカーの伝統を受け継ぐ

こうや

南海電鉄　難波－極楽橋

かつてのズームカーの伝統をうけつぐ30000系。YM

特急「こうや」は、高野線難波～極楽橋間で30000系・31000系電車を用いて、全車座席指定の４両編成で運行されている。運行開始は1951（昭和26）年７月７日からであり、当時は夏季のみの臨時列車であった。1952（昭和27）年７月19日からは、全車座席指定の特急として運転が始まった。そして1961（昭和36）年７月５日からは、「デラックスズームカー」とよばれた20000系電車に置き換わった。

この20000系電車は、全車冷暖房完備であるだけでなく、車内にはフットレストを備えたリクライニングシートが備わっていた。当時の生活水準をはるかに超えた豪華車両であったため、高野山への旅が楽しく、快適なものとなった。

「ズームカー」という言葉の語源は、カメラのズームレンズからきている。ズームレンズは、広角と望遠の両方の性能を併せ持つレ

30000系とは、前面の形状が異なる31000系。YM

車内の照明に関しては、昔から定評がある。SH

極楽橋で顔を合わせる「こうや」と「天空」。SH

走行中は前面展望も楽しめる。SH

ンズであり、「ズームカー」は平坦地の高速性能と急勾配区間の登坂性能を併せ持っている。事実、高野下から極楽橋までは、50‰の急勾配が介在するため、この勾配を登るだけでなく、安全に下る性能や安全性が要求される。また、50‰の急勾配だけでなく、半径数百メートルの急カーブも多くなるため、列車は30km/h程度で走行する。車窓は山深くなり、急峻な紀伊山地に100年以上もむかしに鉄道を敷設した先人の苦労がしのばれる区間である。

現在も使用されている30000系電車は、1983（昭和58）年6月26日にデビューしており、20000系電車で採用された前面展望や、可能な限り大きくした窓などは継承されている。リクライニングシートも継承されたが、現在は背面テーブルを備えたフリーストップ式の座席に交換されている。

「こうや」は観光特急でもあることから、橋本～極楽橋間はノンストップであるが、下り列車の橋本～極楽橋間では、高野山の観光案内の放送が車内に流されている。

なお、冬季の高野山は閑散期となることから、車両の定期検査が実施される。この時は、本数が減るが、全列車が運休となる日は無い。ただし、冬季といえども、土休日は高野山へ行く観光客が増加するため、原則として定期検査は行なわれない。

難波から極楽橋までは、特急電車で1時間20分程度であるから、高野山は週末に家族で出掛けるには手ごろな場所だといえる。

天空

南海電鉄 橋本－極楽橋

霊地・高野山への道中を充実した時間に。YM

高野線橋本～極楽橋間に運行される展望列車であり、運転を開始した当初の列車種別は、「臨時」であったが、2017（平成29）年８月のダイヤ改正により、特急列車に編入されている。種別幕には「天空」専用のロゴが表示されるが、駅で配布される冊子型の時刻表には、列車種別は「特急」という扱いになっている。

「天空」は、南海が推進する「こうや花鉄道プロジェクト」の一環として導入された。「こうや花鉄道」とは、高野線の橋本～高野山間の名称である。世界遺産に指定された高野山を目的とする旅の道中を、一層魅力的にすることを目標としている。南海が地域住民とともに開発・計画していくさまざまな取組みを、「こうや花鉄道プロジェクト」と総称している。

2008（平成20）年９月から10月にかけ、新たに運転を開始する列車名を決めるために一般公募を行なった。そして同年12月15日には、「天空」という愛称が決定したことと、2009（平成21）年７月３日の運行開始が発表された。

同じ特急列車という扱いであっても、「こうや」は橋本～極楽橋間をノンストップで運

生の風を感じてもらえるように、展望デッキが設けられている。SH

景色を見るのに適した配置となったざき配置。SH

小さなボックス席もある。YM

橋本～極楽橋間の標高差４４３メートルを駆け上がる。紀伊山地の懐に入っていくような道中で、霊地・高野山への巡礼の旅にふさわしい。YM

転するが、「天空」は学文路（かむろ）と九度山（くどやま）に停車する。

また「こうや」は、通年で運転されるのに対し、「天空」は３月～11月は水曜・木曜は車両の検査があるため運休するが、それ以外の日は運転する。12月～２月は土休日のみの運転となる。「天空」は１日２往復が運転がされるが、３月～11月の土休日は、さらに１往復の運転が追加される。

高野線の橋本～極楽橋間の普通電車は２両編成で運転されることもあるが、「天空」は2200系電車を改造して誕生したため、極楽橋寄りに2200系改造の展望車が２両、橋本寄りに自由席車として、2300系または2000系２両を連結した４両編成である。自由席に乗車する際は乗車券だけで利用できるが、展望車を利用するにはおとな520円・子ども260円の座席指定料金が必要となる。

車内は紀伊山地の山並みを見るのに適した座席配置となっており、「こうや」とは異なり、紀伊山地の自然の風を感じてもらえるように、フリースペースが設けられている。また高野山へ向かう列車であることを実感してもらいたく、車内には木材が多用されている。さらに「こうや」ほど前面の展望はよくないが、運転席のうしろの座席は、前面の展望が可能なように配置されている。

指定席券は、南海の「天空予約センター」で電話予約のうえ、乗車当日に引渡しとなる。また予約は、乗車日の10日前から受付を開始するが、空席がある場合は当日窓口でも受付が可能である。３月上旬の平日などは、高野山周辺はまだ寒く乗客も少なめのため、当日であっても「天空」の座席指定席が空いていることもある。

高野山ケーブルカーにのる

正式には「南海鋼索線」で、1930（昭和5）年に開通している。関西地方には山岳信仰の地を結ぶ鉄道路線が多く、ケーブルカーも多く存在している。信仰の厚さとともに、レイルファンには楽しみがひとつ加わる巡礼旅となる。SH

南海電気鉄道はケーブルカーも営業している。高野線の終点の極楽橋から高野山間の0.8キロを結んでいる。高野山への観光客を輸送するため、２両連結の車両で運転されており、南海はケーブルカーを２編成所有している。このケーブルカーは、勾配が非常に急な区間を登ることで有名であり、最大の勾配が568.2‰である。

このケーブルカーのトピックとして、2019（平成31）年３月１日から四代目の車両で運行を開始したことが挙げられる。三代目の車両は、「いかにもケーブルカー」というイメージの外観であったが、四代目の車両はアルミ製で、欧風の流線形の外観に特徴があり、高野山・壇上伽藍の根本大塔を想起させる朱色をコンセプトカラーとして採用している。客車部分はスイスのキャビンメーカーが手掛け、車内は高野山をイメージして和風に仕上がっている。それゆえ、和洋折衷のデザインで高野山への「期待感」を醸成している。

ケーブルカーが高野山駅へ到着すると、金剛峯寺などがある高野町の中心部とを結ぶ南海りんかんバスの路線と接続している。

このケーブルカーを利用する場合、PiTaPaやICOCAなどの非接触式乗車券の利用が可能だ。ケーブルカーで非接触式乗車券を導入したのは、当路線が最初である。

おわりに

本著では、価格面でも少しの料金を追加するだけで、週末に気軽に楽しめる列車を紹介するようにした。

鉄道事業者が、くふうを凝らした特徴のある列車を導入する背景として、少子化による通学人口の減少だけでなく、モータリゼーションの普及が挙げられる。その結果、鉄道事業者の経営を圧迫するようになった。

このような現状を打破するためには、地域外からお客さんを誘致して、従来の鉄道にはなかった新たな魅力を創出する必要が生じた。とくに沿線人口の過疎化と少子化に悩む地方民鉄や第三セクター鉄道はなおさらである。そこで、小湊鉄道の「房総里山トロッコ」や由利高原鉄道の「おもちゃ列車」など、家族連れで乗車してみたい列車が誕生している。

大手民鉄の近鉄であっても、高速道路の延伸などにより、特急列車の利用者が大幅に減少しており、高速バスや自家用車では真似ができないサービスを展開する必要性に迫られている。観光特急「しまかぜ」には、和風・洋風の個室だけでなく、ビュッフェも導入されるなど、これらの設備は高速バスや自家用車では実現できないサービスであるといえる。

ほぼすべての鉄道事業者にいえることであるが、「観光」が新たな鉄道活性化のキーワードになりつつあると思われる。

末筆となったが、本著を執筆するにあたり、交通新聞社第一出版事業部のO氏・N氏には、たいへんお世話になった。また筆者の問合せに関して、快く回答して頂いた西武鉄道の栗山悟氏に、本著にてお礼申し上げる。

2019（令和元）年11月

堀内 重人

昔ながらの4人ボックス席は、親子で会話しやすい距離感があった。
SH

[著者プロフィール]

堀内重人　Horiuchi Shigeto：

1967（昭和42）年生まれ。立命館大学大学院経営学研究科博士前期課程修了。運輸評論家として執筆や講演活動、テレビ・ラジオ出演などを行なう傍ら、ＮＰＯなどで交通問題を中心とした活動を行なう。著書に『ビジネスのヒントは駅弁に詰まっている』（双葉新書）、『観光列車が旅を変えた: 地域を拓く鉄道チャレンジの軌跡』（交通新聞社新書）、『地域の足を支える コミュニティーバス・デマンド交通』（鹿島出版会）ほか。

[写真]

マシマ・レイルウェイ・ピクチャーズ（ＭＲ）、松本洋一（ＹＭ）、堀内重人（ＳＨ）
由利高原鉄道（ＵＫ）©伊勢志摩観光コンベンション機構、公益社団法人栃木県観光物産協会、公益社団法人神奈川県観光協会、一般社団法人愛媛県観光物産協会

[編集協力]

ヴィトゲン社（野上　徹）

※2019（令和元）年11月のデータを基に、取材・執筆・編集には万全を期しましたが、万が一、誤認、誤述がございましたら、ご指摘、ご指導賜れば幸いです。

ＤＪ鉄ぶらブックス 029

旅する親子鉄

2019 年 12 月 26 日　初版発行

著　　　者：堀内重人
発　行　人：横山裕司
発　行　所：株式会社交通新聞社
〒101-0062
東京都千代田区神田駿河台2-3-11
NBF御茶ノ水ビル
☎ 03-6831-6561（編集部）
☎ 03-6831-6622（販売部）

本文ＤＴＰ：パシフィック・ウイステリア

印刷・製本：大日本印刷株式会社
（定価はカバーに表示してあります）

ISBN978-4-330-03219-1